U0289213

环境治理需善治，也需善政

中国环境治理体系和能力现代化的实现路径

以国际经验为中心

Paths for enhancing China's environmental governance system and realizing capacity modernization

Focusing on International Experiences

王志芳◎著

时 事 出 版 社

图书在版编目（CIP）数据

中国环境治理体系和能力现代化的实现路径：以国际经验为中心/王志芳著．—北京：时事出版社，2017.7

ISBN 978-7-5195-0109-9

Ⅰ．①中…　Ⅱ．①王…　Ⅲ．①环境综合整治—研究—中国　Ⅳ．①X322

中国版本图书馆 CIP 数据核字（2017）第 081867 号

出版发行：时事出版社
地　　址：北京市海淀区万寿寺甲 2 号
邮　　编：100081
发行热线：（010）88547590　88547591
读者服务部：（010）88547595
传　　真：（010）88547592
电子邮箱：shishichubanshe@ sina. com
网　　址：www. shishishe. com
印　　刷：北京市昌平百善印刷厂

开本：787×1092　1/16　印张：16. 25　字数：235 千字
2017 年 7 月第 1 版　2017 年 7 月第 1 次印刷
定价：80. 00 元
（如有印装质量问题，请与本社发行部联系调换）

本书受“十二五”国家科技支撑计划项目
“气候变化与国家安全战略的关键技术研究”
（课题编号：2012BAC20B06）的资助

序

得到志芳博士的大作即将付梓的消息，我特别为她感到高兴。她邀请我写几句话，我欣然同意。在我看来，该书的价值主要体现在两个方面：

其一，该书紧扣当今世界和中国的发展主题——可持续发展，集中研究中国环境治理体系和能力的现代化问题，选题和视角具有前瞻性、全局性和战略性。

远观世界，关心可持续发展事业的人都知道，在世界可持续发展的进程中，2015 年是一个具有分水岭意义的年份。这一年，具有重要历史意义的《巴黎协定》和《2030 可持续发展议程》两份重要国际文件先后获得通过，使可持续发展成为未来全球发展的时代主题；近看中国，在承受了多年来快速经济发展所付出的巨大环境代价之后，中国政府和社会已深刻认识到加强环境治理，实现可持续发展的极端重要性，“美丽中国”“生态文明”“绿色低碳发展”等已成为“中国梦”的核心内容。李克强总理在 2017 年全国两会上所作的政府工作报告中特别强调：“加快改善生态环境特别是空气质量，是人民群众的迫切愿望，是可持续发展的内在要求”，要“坚决打好蓝天保卫战”。由此可见，中国的国家发展方向与全球可持续发展的大趋势日益融合。可以说，由于可持续发展的成败事关人类的存亡，中国如果能够成功地实现可持续发展，那将是中国对世界的最大贡献。而中国要实现可持续发展，就必须解决好环境问题；中国要解决好环境问题，则必须解决好环境治理体系和能力的现代化问题。这是近年来我们对环境保护问题的最新认识。令人遗憾的是，目前我们从技术、法律和政策等方面展开的相关研究很多，但从治理体系和能力的视角开展的研究还很少，严重滞后于我国改善环境、实现可持续发展的实际需要。正是在这个意义上，该书值得一读。

其二，该书采用比较和案例研究的方法，对美国、德国、日本和韩国等典型国家环境治理的经验和教训进行系统分析，借鉴国际经验，为中国如何实现环境治理体系和能力现代化提出了一些有启发性的观点。

总之，该书展现了作者对中国环境治理体系和能力现代化问题的严肃思考和积极探索。

当然，毋庸讳言，该书也存在一些不足，比如，在国际经验与中国国情的有机结合方面还有改进的空间。

这些年来，志芳博士对环境研究的强烈兴趣给我留下深刻印象。众所周知，综合性是环境问题的一个主要特征。要深入研究环境治理问题，应具备复合型的知识结构。志芳博士多年来一直在朝这个方向不懈努力。她在对外经贸大学攻读硕士和博士学位期间，专攻国际经济与贸易，毕业后进入环保部从事环境保护的工作，后又进入北京大学国际关系学院博士后工作站重点研究国际关系和全球治理问题，一步一步坚持完善自己的知识结构，为今后更深入的研究打下了良好基础。我期待并相信志芳博士将来会有更多更好的作品问世。

是为序。

张海滨

北京大学国际组织研究中心主任、教授

2017 年 3 月 8 日写于从伦敦到北京的中国国航航班上

目　录

绪　论

中国的环境治理问题得到广泛的关注，是从2013年冬季全国大范围出现雾霾天气开始。原以为跟环境污染较为遥远的南北方旅游景区，也出现了久积不散的雾霾，更使得民众警觉并且人人自危。那一年，中国的环境问题成为民生重大问题。这也表明以雾霾为首的一些环境问题的累积已接近临界状态，一旦爆发危害极大。与此同时，水和土壤污染、生态服务功能损害等也有类似趋势。但环境问题累积到现在，其解决已经难以单纯地就环境论环境，环境与发展的问题必须综合考虑，国内发展和全球变化需要统筹分析。

从国际环境与发展形势看，世界经济复苏乏力，国际政治新秩序尚在孕育、需要重构，实现2015年后发展议程和可持续发展目标困难重重。从国内形势看，中国正处于一个艰难的攻坚时期，集中了增长速度换挡、结构调整、消化前期刺激政策、社会矛盾凸显、资源环境约束趋紧等多重矛盾和挑战。上述问题交织叠加，构成了中国环境与发展的新常态。

随着工业化、城市化的迅猛推进，人口多、资源缺、环境承载力有限这一基本国情的约束性日益显现。在环境与发展的所有社会矛盾中，“日益增加的经济发展对资源环境的压力与我国有限和脆弱的生态环境承载力之间的矛盾”成为中国社会主要矛盾。社会矛盾起源于中国的社会建设滞后于经济发展，突出表现在民生问题没有得到应有的改善。环境问题的解决对于民众生活质量的提高起关键作用。近年来民生问题被放到了前所未有的高度，受到政府的重视。习近平指出：“我们的人民热爱生活，期盼有更好的教育、更稳定的工作、更满意的收入、更可靠的社会保障、更高水平的医疗卫生服务、更舒适的居住条件、更优美的环境……”“环境污染是民生之患、民心之痛，要铁腕治理”。李克强说，“我们一定要严格环境执法，对偷排偷放者出重拳，让其付出沉重的代价；对姑息纵容者严问责，使其受到应有的处罚。”

与此同时，中国对环境的认识在逐步提升。这一点从主管部门级别的不断提升中可以得到直接印证。但部门级别的提升与环境改善的成效，并非总是成正比。国家财政对环境治理的支持力度虽然加大，但百姓可见可知的环境问题却并没有多大改观。而对于管理部门来说环境保护既是考验也是巨大压力。尤其以往应急性的环境管理方式，显然已难以维系现有环境状况的管理。

尽管中国财政对环保的支持力度不断加大，但中国环境保护的成效一直被国际社会拿来揶揄。2013 年大范围出现的雾霾天气不但使国内民众大为失望，也引得国际社会对中国的经济与民生问题大加讨论。颇具戏剧性的是，2014 年北京的天气在短期内能够冲破重重雾霾，出现万里晴空，很好地配合了在京举行的亚太经合组织（APEC）会议，证明了政府对环境的强制管理能力，使得人们不得不惊叹中国政府对环境恶化的短期治理力度和成效。而 APEC 后雾霾的重现，又证明了传统的环境治理方式存在不可持续的硬缺陷，必须在原有的治理理念和方式上有所突破才可彻底改变现状。因此环境治理现代化如何实现，考验着当今学者和管理者的智慧和眼界。

发达国家较早地经历人为导致的环境恶化问题，经过几十年的探索，已有相对成熟的理念和方法应对环境问题。环境治理作为各国较为认同的环境综合管理理念，包含了政府和公民社会的共同参与，是较之传统的环境保护最大不同之处。中国在以往的管理中，也发现民众的参与和监督对环境治理体系良性运作可发挥的重要作用，因此对多元主体参与的环境治理在中国的适用有较大的兴趣。目前，环境治理的理念正在中国提出，政府也正基于各界不同角度的阐释，努力探索适合本国的治理之路。本书拟通过总结和展现中国环保的理念、体制等的发展历程，以及典型发达国家和新兴国家环境治理的先进经验，提出中国环境治理的基本路径。

第一章　中国环境治理体系和治理能力现代化的内涵

第一节　治理理论与实践的演进

一、全球治理的兴起和发展

（一）治理

“治理”（governance）一词在政治领域最早出现，由全球化浪潮引发，是世界民主潮流的产物。全球化使传统资源配置方式的弊端更加明显的显现：国家政权对资源配置的低效和市场机制在资源配置中带来的不公平，导致国家间的冲突与矛盾、国家内部的社会不稳定，需要超越传统社会管理的理念出现。治理正是针对这一社会需求而出现。“全球化的到来，人类的政治生活发生重大变革：政治过程的重心从统治走向治理，从善政走向善治，从政府统治走向没有政府的治理。”[①] 自从世界银行 1989 年在世界发展报告中首次使用“治理危机”之后，许多国际组织和机构开始频频使用“治理”。1992 年世界银行年度报告采用“治理与发展”的主题，1996 年联合国开发计划署则以“人类可持续发展的治理、管理的发展和治理分工”为题作为其年度报告，1997 年联合国教科文组织提出名为《治理与联合国教科文组织》的报告，而“全球环境治理委员会”建立后还出版了

---

① 俞可平：《全球化：全球治理》，社会科学文献出版社，2003 年版，第 2 页。

《全球治理》的杂志。但对于“治理”的涵义，学者们从不同的角度出发，提法各有不同。

詹姆斯·罗西瑙通过对比统治与治理的不同引出治理的涵义：在《没有政府统治的治理》和《21世纪的治理》等文章中明确指出，治理与政府统治有重大区别，是指一系列活动领域里的管理机制，它们虽未得到正式授权，却能有效地发挥作用。与统治不同，治理指的是一种由共同目标支持的活动，这些管理活动的主体未必是政府，也无需依靠国家的强制力量来实现。换句话说，与政府统治相比，治理的内涵更加丰富。它既包括政府机制，同时也包括非正式的、非政府的机制。①

罗伯特·罗茨提出，治理意味着“统治的涵义有了变化，意味着有序统治的条件已经不同于以前，意味着一种新的统治过程，或是以新的方法来统治社会”。在他看来，治理用于不同的主体，其内涵各有不同：“（1）作为最小国家的管理活动的统治，它指的是国家削减公共开支，以最小的成本取得最大的效益；（2）作为公司管理的统治，它指的是指导、控制和监督企业运行的组织体制；（3）作为新公共管理的治理，它指的是将市场的激励机制和私人部门的管理手段引入政府的公共服务；（4）作为善治的治理，它指的是强调效率、法治、责任的公共服务体系；（5）作为社会—控制体系的治理，它指的是政府与民间、公共部门与私人部门之间的合作与互动；（6）作为自组织网络的治理，它指的是建立在信任与互利基础上的社会协调网络。”②

库伊曼和范·弗里埃特则从治理主体间的关系，定义其涵义：“治理所要创造的结构或结构和秩序不能由外部强加；它之发挥作

① James N. Rosenau，Ernst-Otto Czempiel（eds.），Governance without Government：Order and Change in World Politics，Cambridge University Press，1992，p. 5；Rosenau，“Governance in the Twenty-first Century”，Gloval Governance，Vol. 1，No. 1，1995.

② ［英］罗伯特·罗茨著，木易编译：《新的治理》，《马克思主义与现实》，1999年第5期，第42—48页。

用，是要依靠多种进行统治的以及相互发生影响的行为者的互动。”[①]

格里·斯托克则通过对前人研究的总结，归纳出五种观点：（1）治理系指涉及一组来自政府，但又不同于政府的机构和行动者，他对传统的宪政体制和正式规范的政府权威提出质疑，亦即政府并不是国家唯一的权力中心，实际上隐含着以地方、地区、国家和超国家为中心多元权力的联结。值得关注的是私人和自愿团体在提供公共服务和决策上的能力，这些团体在许多国家签约外包和公私合作的方式，已经成为公共服务和决策的重要部分。（2）治理在寻求解决社会和经济问题方案的过程中，确实存在着界限和责任方面的模糊性。除了关注政府体制变得越来越复杂之外，也必须关注其责任的转移。为了在国家和公民社会之间寻求长期的平衡点，国家把原先由它独自承担的责任转移给私人部门、自愿团体和公民社会。但也因此，国家与社会之间、公共部门与私人部门之间的界限和责任就会日益模糊不清。（3）治理在涉及集体行为的社会公共机构之间，确实存在着权力相互依赖的关系。这种关系显示，集体行动的组织必须依靠其他组织。为达到各自的目的，各个组织必须相互交换资源、协商共同的目标。交换的结果不仅由各参与者的资源来决定，而且也由游戏规则以及进行交换的环境所决定。（4）治理指行为者所形成的具有自主性的自我组织网络。此网络涉及决策群体和其他组织的形式以及政策议题。显示了公共部门与私人部门组成的政治体制在特定的领域中进行合作，分担政府的行政管理责任。（5）治理意味着不一定使用政府的权力，也不一定要由政府来发动或运用权威就可以做成事情的能力；意味着政府是否能运用其他的管理方法和技术，对公共事务进行更好的操控和引导。[②]

以上有关治理的不同定义，从不同的角度阐释作者的理解，但其中都包含有主体多元性、形式多样性的涵义。全球治理委员会对

---

① 俞可平主编：《治理与善治》，社会科学文献出版社，2009 年版，第 3 页。

② Gerry Stoker，“Governance as Theory：Five Proposition”，International Social Science Journal，Vol. 50，No. 1，pp. 17 – 28.

治理的定义中包含了以上各种观点的元素，是目前公认的比较权威的定义。在《我们的全球之家》的研究报告中，全球治理委员会对治理做了如下定义：治理是各种公共的或私人的机构和个人管理其共同事物的诸多方式的总和。它是使相互冲突的或不同的利益得以调和并且采取联合行动的持续的过程。它既包括有权迫使人们服从的正式制度和规则，也包括各种人们同意或以为符合其利益的非正式的制度安排。它有四个特征：治理不是一整套规则，也不是一种活动，而是一个过程；治理过程的基础不是控制，而是协调；治理既涉及公共部门，也涉及私人部门；治理不是一种正式的制度，而是持续的互动。①

按照以上定义，治理不是否定市场配置资源的作用，也不排斥国家行使强制权力，它是在市场和政府作用之上，增加了对各类主体关系的协调，是通过调动社会力量参与其中，防止市场配置的过度趋利，也避免政府管理的效率低下。与统治不同，它使民间社会参与到国家管理之中，赋予民间社会管理的权利，不再是自上而下的命令和强制的社会管理状态，而是自上而下与自下而上并存的管理模式。因此，治理除了国家治理、市场治理，还应包括社会治理。

（二）善治

治理要解决五个问题：为什么治理？如何治理？谁治理？治理什么？治理得怎样？② 对于为什么治理、谁治理以及治理什么，现在已经有了很好的答案。而如何治理和治理得怎样，目前都需要在实践中不断填充其内涵，而二者目前也是治理的最关键内容。尤其治理得怎样，是指治理要达到的最终目标，即取得的成效。只有确定了清晰的治理目标及成效，治理机制的构建才可能落地有声。对大多数主权国家来说，治理的出现基于一定的社会现实：国家政权统

---

① 全球治理委员会：《我们的全球之家》（Our Global Neighborhood），牛津大学出版社，1995 年版，第 2—3 页。

② 俞可平：《论国家治理的现代化》，社会科学文献出版社，2014 年版，第 3 页。

治既当“运动员”，又当“裁判员”，使得管理难以在客观的角度开展并达到理想效果。纳入了第三方的管理权力以后，治理在逻辑上可以弥补政权统治的弊端。然而治理过程中如不能很好地平衡参与方的权利与义务，并且过分地强调第三方参与治理的作用、弱化政治强制力的作用，就会导致“矫正过枉”，为国家秩序带来混乱，背离最初的目标。因此，就治理成效而言，也会有正负效应之分。而由此引出治理的理想状态，也被称为善治。

善治是对整个社会的要求，是公共利益最大化的社会治理过程，是政府与公民对社会事务的协同治理。善治的实质就是国家权力向社会的回归，其实现过程就是还政于民。因此，与纯粹的政权管理相比，善治的基础在于公民社会。善治的实现依赖于一个健全发达的公民社会。这需要公民有足够的政治权力参与选举、决策、管理和监督。[①] 这意味着社会有充分的民主空间。20 世纪 90 年代以来，善治理论与实践之所以得以产生和发展，一个重要的原因是公民社会的发展壮大。公民社会（联合国也称之为“民间社会”）是指国家或政府以外的所有民间组织和主体的总和，包括非政府组织、社区组织、利益团体、公民自发组织的运动。一个能够达到善治的社会，能在保证公民社会参与政治管理权利的前提下，促进公民社会与政府之间能够展开积极有效的合作。

与善治相近的概念是“善政”，对二者不同的识别可以更清晰地了解善治的内涵。善政的概念在中国自古就有，虽然同样与管理有关，但善政主要针对政府管理的良好效果而言。关于善政，俞可平教授认为其主要包括以下几个要素：严明的法度、清廉的官员、很高的行政效率、良好的行政服务。[②] 因此，一个做到善政的政府，一定是在完善的法治下，充分履行职能的政府。而善治与善政相比，内涵更加广泛，不但有政府称职的行为，还需要有非政府主体的充

---

① 俞可平：《论国家治理的现代化》，社会科学文献出版社，2014 年版，第 43 页。

② 俞可平：《全球化：全球治理》，社会科学文献出版社，2003 年版，第 10 页。

分有效参与，在概念上更强调了非政府主体的参与和成效。

但善治并不意味着不需要规范和约束，相反它需要在有约束的民主下实现。因此法治的存在对于善治的实现来说是另一个重要的因素。联合国发展规划署这样定义善治："它不仅仅在社会中消除腐败，而且赋予人们参与影响其生活的决策的权力、手段和能力，并使政府行为具有责任性。它意味着公平、公正的民主治理。"[①] 欧洲委员会确定了善治的五项原则：开放性、参与性、责任性、有效性、连续性。[②] 经济合作和发展组织指出的善治的一系列要点中，就包括了"重视法治"。[③] 我国学者俞可平教授，总结出的善治的十个要素包括：合法性、法治、透明性、责任性、回应、有效、参与、稳定、廉洁、公正。其中有四个与法治直接或间接相关。因此，实现善治的目标的一个（重要）前提是必须基于法治。[④] 这意味着，国家开展善治之前，必须要有一个完善的法治体系。因此，多元参与、法制保障、治理成效是善治的三大特征。

二、全球环境治理内涵的演变

联合国环境与发展大会召开后，全球环境治理受到国际社会更加广泛的重视。与全球治理一样，环境治理的具体涵义全球仍有所争议，但关于环境治理基本要素的观点接近：世界资源研究所（World Resources Institute）认为，全球环境治理主要包括三个方面：

---

① George Nzongola-Ntalaja, UNDP Role in Promoting Good Governance, http://europa.eu.int/eur-lex/en/com/cnc/2001/com2001_ o428en01.pdf，2014 年 12 月 1 日。

② Commission of the European Communities, European Governance, A White Paper, COM（2001）428final，参见 http://europa.eu.int/eur-lex/en/com/cnc/2001/com2001_0428en01.pdf，2014 年 12 月 1 日。

③ OECD Ad Hoc Working Group at 2. 促进参与式发展和善治的项目评估。

④ ［美］德乌德·扎基、马修·斯蒂威尔、奥兰·杨著，孙凯、崔岩译：《理性之要求：使法律为可持续发展服务》，援引自王曦：《国际环境发育比较环境法评论》，上海交通大学出版社，2008 年版，第 308 页。

第一，政府间国际组织的集合；第二，国际环境法；第三是资金机制[①]。联合国环境规划署在其报告中也表明，全球环境治理体制的突出要素包括：第一，多边进程；第二，多边环境协议；第三，全球环境治理的资金机制。[②]

按照俞可平教授有关治理问题阐述，有效的治理要解决三个问题：谁来治理、怎么治理、治理得如何。其对应着治理三要素：治理主体、治理机制、治理成效。[③] 与以上环境治理要素的观点略有不同，但仔细分析，并不相悖。关于"谁来治理"，无论是世界资源研究所的"政府间国际组织的集合"，还是联合国环境规划署的"多边进程"，都是针对治理的参与主体而言，只是侧重或在主要参与者或在参与者间的互动关系上。鉴于本书的重点在于全面探析环境治理的经验与教训，关于此要素更宜采用"环境治理主体"。有关"怎么治理"，毋庸置疑，以多边环境协定（公约）为主要形式的国际环境法（治理机制）是治理方式的重要体现，这与俞教授的观点一致。而关于"治理得如何"，由于充足的资金保障对治理行动的开展几乎是最重要的前提，资金机制的建立与运作自然是衡量治理成效的至关重要。因此作为治理得如何（治理成效）中的关键因素，资金机的提法与俞可平教授的"治理得如何"的提法并不相悖。但同样的道理，为了从更全面的角度切入分析，本书此处仍然选择"环境治理成效"为相应的要素。

全球环境治理委员会在其报告中总结了环境治理要解决的七个

---

① World Resources Institute, World Resources 2002—2004: Decisions for the Earth: Balance, Voice and Power, 2003. Washington, DC: WRI, Chapter 7.

② UNEP. Report of the Executive Director, International EnvironmentalGovernance (UNEP/IGM/1/1), Open-Ended. International Group of Ministers or Their Representatives onInternationalEnvironmentalGovernance, Firstmeeting, NewYork, 18, April 2001 [EB/OL]. http://www.unep.org/dpdl/IEG/Meetings_ docs/index.asp. Accessed on June 12, 2012.

③ 俞可平：《论国家治理现代化》，社会科学文献出版社，2014 年版，第 3 页。

方面问题[①]，也与以上所总结的三要素相对应。其中“参与权力和代表性”是参与主体的问题，“机制与法律”“权利范围”“产权和所有权”属于治理机制的问题，而“科学和风险”“市场和融资流向”“可核查性和透明性”则是涉及治理成效的问题。因此选取以上三要素作为开展环境治理研究的内容，具有较强的代表性。

(1) 参与权力和代表性：公众如何对资源相关的规则产生影响？谁来代表那些使用甚至依赖自然资源生活的人，参与自然资源使用规则的制定？

(2) 机制与法律：涉及谁来制定和执行资源使用的规则？规则是什么，以及违反规则的惩罚是什么？谁来做出纠纷的裁决？

(3) 权利范围：权力机构在什么层面或范围（地方、区域、国家、国际）管理自然资源的使用？

(4) 产权和所有权：谁拥有自然资源或谁有法律权利来控制其使用？

(5) 市场和融资流向：融资实践、经济政策和市场行为如何影响权力机构对自然资源的管理？

(6) 科学和风险：生态和社会科学如何被考虑到自然资源使用的决策中，以降低人类和升天系统的风险，并识别新的机会？

(7) 可核查性和透明性：控制和管理自然资源的主体通过什么方式对其做出的相关决定做出释疑？对谁做出？政策制定程序督察的开发程度如何？

全球治理委员会曾提出，“善治”意味着充分的代表性、信息透明性，以及公众参与的核心性。[②] 世界资源研究所在其有关环境治理的研究报告中认为，做到环境善治，应该包括几个方面的考核：有

---

① UNDP，UNEP，World Bank. World Resources Institute. World Resources 2002—2004：Decisions for the Earth：Balance，Voice and Power，2003 [R]. Washington，DC：WRI，p. 7.

② World Resources Institute，World Resources 2005：The Wealth of the Poor，2005 [R]. Washington，DC：WRI，p. 16.

代表性的公众对决策的有效参与，科学信息被正确用于解释环境问题，科学方法被用于检验评估治理成效，自然资源的利益是否被公平分配。[①] 其中，公民社会的有效参与被认为是非常重要的因素，由于有效参与充分保障了环境公平，对参与方利益的真实体现和环境治理的最终成效来说至关重要。尽管公民社会并非总是带来建设性、创新性和合作，但已有的参与环境治理的成效以及可预见的潜力来看，公民社会的参与利大于弊[②]。

由此可见，按照西方善治理念，环境善治旨在融合各种环境主体的力量，建立协同关系与方式，通过动员社会最大限度的积极性，创造以政府为主导、多元治理主体共同参与、共同促进生态福祉的环境治理模式与行动策略。

第二节　中国环境治理体系和能力现代化的内涵

一、国家治理现代化

国家治理现代化的概念，是中国政府对探索自身发展道路的过程中，提出的创新理念，是结合中国现实、借鉴国际治理理念，又区别于国际社会治理概念而提出。

2013 年 11 月 12 日，中国共产党十八届三中全会通过的《中共中央关于全面深化改革若干重大问题的决定》提出，全面深化改革的总目标是完善和发展中国特色社会主义制度，推进国家治理体系和治理能力现代化。将国家治理体系和治理能力现代化作为全面深化改革的总目标，从理论上说，是一种全新的政治理念。从实践上

---

① World Resources Institute, World Resources 2002—2004: Decisions for the Earth: Balance, Voice and Power, 2003 [R]. Washington, DC: WRI, p. 20.

② World Resources Institute. World Resources 2002—2004: Decisions for the Earth: Balance, Voice and Power, 2003 [R]. Washington, DC: WRI, p. 66.

说，这表明中共正式将政治现代化纳入了眼前的改革议程，因为国家治理体系的现代化是政治现代化的重要内容。推进国家治理现代化，意味着政府、市场和社会之间的关系将再一次发生变革。①

中国提出的“国家治理现代化”，与国际社会提出的“治理”概念的前提和出发点不同，并显示出了中国独有的特色。西方社会对治理理念是针对全球化进程中以政府为核心的社会管理弊端突出呈现而提出。全球化推动了资源交流的快速进行，使国家政权作用的绝对化和对公民诉求的忽略导致的资源配置低效和不公平的现象突出体现出来。公民社会参与管理，被看作是充分体现其利益诉求，保障社会公平、效率的重要途径。因此，我们在起源于西方“治理”相关的研究成果中看到，对公民社会的重视和对社会治理的强调。

当今中国存在：贪腐导致政府公信力降低，市场调节自身的弊端造成贫富分化日趋严重、环境资源的破坏和浪费，社会整体出现行为底线和价值底线无边界的状态。最明显的特征是，整个社会呈现出的有制度无约束，政府职能的潜力没有充分发挥，使管理机制僵化、执政效率低下与公民社会的发育不良并存。因此，中国的国家治理现代化在当下的现实中提出，明显区别于西方有关“治理”的社会基础。中国的“治理”既需要进一步加强并提升政府管理效率，也需要充分调动公民社会参与社会管理的积极性。而西方的治理更强调“突出公民社会的作用，弱化政府的作用”。西方提出治理，并预达到善治的目标，有其自身社会发展的现实基础。在西方国家，当政府管理达到或基本达到了自身功能所赋予的效率后，即基本做到了善政之后，它自身的局限性就显露出来了。而中国在政府管理方面还未能获得应有的效率：严明的法度、清廉的官员、高效的行政效率。善政必然是目前国家改革的一项重要内容。因此中国提出的“国家治理现代化”，一定是在强调善政的基础上，融入了

---

① 俞可平：《走向国家治理现代化——论中国改革开放后的国家、市场与社会关系》，人民网—“中国共产党新闻”，2014 年 10 月 14 日。

善治中“社会治理”的元素。借用俞可平教授的观点：“善政是通向善治的关键，无善政则无善治；欲达到善治，首先必须实现善政。”因此中国“国家治理现代化”非但不会弱化政府的作用，相反要在努力做到“善政”的基础上，充分调动社会资源与政府一同将国家管理推向一个政府、社会更加和谐的状态。

二、生态环境治理现代化

环境治理的理念起源于西方，与治理和善治理念相同，它强调第三方（公民社会）参与的重要性。这主要由于西方环境治理的出现并非政权对环境管理不充分，而是资源的快速流动所引起的配置不公平等问题已超越了政府职能所及。中国的环境治理，除了第三方参与不足之外，政府的环境管理不到位也是突出的问题。因此中国环境治理必须有基于自身情况规划。

根据中国国情，经过多年的思考与实践，中国对环境保护认识从技术层面，逐渐上升到系统、伦理和世界观的高度，并树立了建设“生态文明”的目标。中国共产党十七大第一次将“生态文明”写入党代会报告，明确要求：“生态文明观念在全社会牢固树立。”[①]十八大进一步提出“必须树立尊重自然、顺应自然、保护自然的生态文明理念”[②]，要求逐渐完善生态文明内涵的同时，确立了生态环境保护作为生态文明建设的重点。

根据中共十八届三中全会决议，中国全面深化改革、实现“治理体系和治理能力现代化”的目标，包括了经济、政治、文化、社会及生态文明五个方面。每个领域都涉及制度体系的调整和构建、治理能力的培养和提升，而在生态文明领域中对应的就是生态环境治理。生态环境治理作为国家治理目标中五位一体的治理内容，主

---

① 《生态文明的提出》，环境保护网站，http：//www.zhb.gov.cn/ztbd/rdzl/stwm/201210/t20121024_240281.htm，2015年12月1日。

② 《胡锦涛十八大报告（全文）》，中国网，http：//news.china.com.cn/politics/2012－11/20/content_27165856.htm，2016年10月15日。

要因为生态文明建设的主战场在于环境保护。党的十七大报告提出："建设生态文明，基本形成节约能源资源和保护生态环境的产业结构、增长方式、消费模式。循环经济形成较大规模，可再生能源比重显著上升。主要污染物排放得到有效控制，生态环境质量明显改善。"[①] 党的十八大报告则进一步强调："建设生态文明，是关系人民福祉、关乎民族未来的长远大计。面对资源约束趋紧、环境污染严重、生态系统退化的严峻形势，必须树立尊重自然、顺应自然、保护自然的生态文明理念，把生态文明建设放在突出地位，融入经济建设、政治建设、文化建设、社会建设各方面和全过程，努力建设美丽中国，实现中华民族永续发展。"[②] 因此，在环境保护领域实现"生态环境治理体系和治理能力现代化"自然成为现阶段环境治理的最高目标。

围绕国家治理总目标的落实，十八届三中全会提出生态环境治理制度建立的要求："建设生态文明，必须建立系统完整的生态文明制度体制，用制度保护生态环境。要健全自然资源资产产权制度和用途管制制度，划定生态保护红线，实行资源有偿使用制度和生态补偿制度，改革生态环境保护管理体制。"[③] 关于规制对环境保护的作用，全球环境治理委员会也认为，法律和制度通过识别、细化资源的所有权，来为资源管理创建规则。[④] 十八届三中全会提出的"建立系统完整的生态文明制度体系"就是要求生态环境治理首先要建章立制，为环境保护治理现代化构筑框架、确定路径。即构建生态

---

① 胡锦涛：《高举中国特色社会主义伟大旗帜为夺取全面建设小康社会新胜利而奋斗——在中国共产党第十七次全国代表大会上的报告（2007 年 10 月 15 日）》，《人民日报》，2007 年 10 月 25 日。

② 胡锦涛：《坚定不移沿着中国特色社会主义道路前进为全面建成小康社会而奋斗——在中国共产党第十八次全国代表大会上的报告（2012 年 11 月 8 日）》，《人民日报》，2012 年 11 月 18 日。

③ 环境保护部网站，http：//www.zhb.gov.cn/zhxx/hjyw/201407/t20140722_280335.htm，2015 年 12 月 5 日。

④ World Resources Institute，World Resources 2002—2004：Decisions for the Earth：Balance，Voice and Power，2003，Washington，DC：WRI，p. 20.

文明建设，要首先着手“构建生态文明建设的制度体系”。在全面反思过去的生态环境保护管理体制的基础上，为解决生态环境领域的深层次矛盾和问题提供体制机制保障。总体而言，生态文明体系制度的建设，就是要“建立源头严防、过程严控、后果严惩的生态文明管理体系”。[①] 法律管理体制的建设和完善，成为了中国生态环境治理现阶段的首要目标，是针对中国生态环境治理体制不完善这一症结开的药方。

此外，国际社会所提到的环境善治的核心要义是“多元参与及其有效性”。“多元化”意味着参与主体的多样性，诉求表达的充分性，以及社会监督的有效性。环境治理主体“多元化”与此类同，也发挥着同样的作用。目前，中国在完善环境管理制度体系的同时，对生态环境治理多元化及其有效性也同样重视。生态环境是公共产品，环境保护效益的外部性，决定了生态环境治理是一项由政府主导、社会互动的公共管理。作为对这一理念的认同和响应，中共十八届三中、四中全会都提出了政府之外的第三方的充分参与。2014年新修订《环境保护法》明确提出，环境非政府组织及公众参与监督的权力。

针对中国共产党十八届三中全会有关生态环境治理现代化相关的精神，环境保护部提出了“构建生态文明建设和环境保护的‘四梁八柱’”理念，即在理论体系构建、法规体系的完善、组织机构建设、环境质量改善方面开展全面的治理工作。[②] 从理论、法制、机构、监督实施四个方面，对中国生态环境治理存在的管理体制机制的效率、参与主体的权利等方面的问题，提出生态环境治理现代化的具体路径。“十三五”时期有关环境治理的思路更加明晰，提出了“以构建政府、企业、社会共治的环境治理体系为核心，不断提高环

---

① 《中国环境与发展国际合作委员2014年年会张高丽副总理讲话》，http://politics.people.com.cn/n/2014/1201/c70731－26128210.html，2015年1月3日。

② 环境保护部网站，http://www.zhb.gov.cn/zhxx/hjyw/201407/t20140722_280335.htm，2015年1月3日。

境管理系统化、科学化、法治化、市场化和信息化水平”的要求。十八届五中全会，将更将绿色作为实现“十三五”目标的五大发展理念之一，为中国绿色化发展提供了重要保障。

从中国共产党十八大将生态文明建设纳入中国特色社会主义五位一体总体布局、提出推进生态文明建设的内涵和目标任务，到十八届三中全会提出生态文明体制改革的主要任务，再到十八届四中全会明确提出了生态文明的建设任务、改革任务、法律任务，使中国关于“生态环境治理现代化”行动路径逐渐明晰，“生态环境治理现代化”的内涵也逐渐丰富，制度化、科学化、程序化、规范化、观念化成为最突出的特征。

（一）制度化

根据《十八届三中全会中共中央关于全面深化改革若干重大问题的决定》，建设生态文明，必须建立系统完整的生态文明制度体系，实行最严格的源头保护制度、损害赔偿制度、责任追究制度，完善环境治理和生态修复制度，用制度保护生态环境。制度建设成为生态环境治理现代化的基础要求，具体包括：

1. 健全自然资源资产产权制度和用途管制制度。对水流、森林、山岭、草原、荒地、滩涂等自然生态空间进行统一确权登记，形成归属清晰、权责明确、监管有效的自然资源资产产权制度。建立空间规划体系，划定生产、生活、生态空间开发管制界限，落实用途管制。健全能源、水、土地节约集约使用制度。健全国家自然资源资产管理体制，统一行使全民所有自然资源资产所有者职责。完善自然资源监管体制，统一行使所有国土空间用途管制职责。

2. 划定生态保护红线。坚定不移地实施主体功能区制度，建立国土空间开发保护制度，严格按照主体功能区定位推动发展，建立国家公园体制。建立资源环境承载能力监测预警机制，对水土资源、环境容量和海洋资源超载区域实行限制性措施。对限制开发区域和生态脆弱的国家扶贫开发工作重点县取消地区生产总值考核。探索编制自然资源资产负债表，对领导干部实行自然资源资产离任审计。建立生态环境损害责任终身追究制。

3. 实行资源有偿使用制度和生态补偿制度。加快自然资源及其产品价格改革，全面反映市场供求、资源稀缺程度、生态环境损害成本和修复效益。坚持使用资源付费和谁污染环境、谁破坏生态谁付费原则，逐步将资源税扩展到占用各种自然生态空间。稳定和扩大退耕还林、退牧还草范围，调整严重污染和地下水严重超采区耕地用途，有序地实现耕地、河湖休养生息。建立有效调节工业用地和居住用地合理比价机制，提高工业用地价格。坚持谁受益、谁补偿原则，完善对重点生态功能区的生态补偿机制，推动地区间建立横向生态补偿制度。发展环保市场，推行节能量、碳排放权、排污权、水权交易制度，建立吸引社会资本投入生态环境保护的市场化机制，推行环境污染第三方治理。

4. 改革生态环境保护管理体制。建立和完善严格监管所有污染物排放的环境保护管理制度，独立进行环境监管和行政执法。建立陆海统筹的生态系统保护修复和污染防治区域联动机制。健全国有林区经营管理体制，完善集体林权制度改革。及时公布环境信息，健全举报制度，加强社会监督。完善污染物排放许可制，实行企事业单位污染物排放总量控制制度。对造成生态环境损害的责任者严格实行赔偿制度，依法追究刑事责任。[①]

为了落实十八届三中全会关于生态环境治理制度构建的要求，2014 年 10 月 23 日，中国共产党第十八届中央委员会第四次全体会议通过的中共中央关于全面推进依法治国若干重大问题的会议决议提出：建设中国特色社会主义法治体系、建设中国特色法治国家的依法治国的总目标。依法治国，成为坚持和发展中国特色社会主义的本质要求和重要保障，是实现国家治理体系和治理能力现代化的

---

① 《十八届三中全会中共中央关于全面深化改革若干重大问题的决定》，http：//news. xinhuanet. com/2013—11/15/c_ 118164235. htm，2015 年 11 月 1 日。

必然要求，对于在法治、制度轨道上推进国家治理体系和治理能力现代化，在全面深化改革总体框架内全面推进依法治国各项工作，在法治轨道上不断深化改革，做出了保障。关于法律在机制建设中的作用，全球环境治理委员会提到：环境资源管理规则通过建立法律授权，来确保资源有序管理。[①] 正是法律的存在才使治理有了制度化的基础。

依法治国目标的确立，也为“生态环境治理现代化”的具体落实指明了方向。即完善环境保护法律制度体系，是生态环境保护管理体制建设的基础之基础。至此，具有中国特色的环境保护治理的路径基本明晰，即法律制度建设先行。以法律为制度建设保驾护航。

（二）科学化

生态环境治理现代化的“科学性”特征，主要体现在对生态环境自身规律的客观认识和尊重，并在此基础上把握生态环境的规律，以科学理论、科学制度、科学方法，开展治理行动。只有尊重生态环境的客观规律，以科学的态度处理人类生存与生态环境的运行的关系，才能保障国家开展的生态环境治理是符合客观现实的，并具有时代性和现代性。科学化是要把时代发展的各种现代元素理念融入生态环境治理的理念、制度、方法的不断创新之中，也是要把认识和把握生态环境客观规律的科学探索运用到环境治理的理念、制度、方法创新实践之中。因此生态环境治理现代化与科学化存在互为表里的关系。现代化要求科学化，科学化促进现代化；现代化水平以科学化程度为基础，科学化程度以现代化水平为表现。

在生态环境治理的科学化方面，现在已经形成基本思路，正在通过顶层设计，制定清晰明确的路线图和时间表，以规划、计划的方式将任务进行层层分解，并通过科学的分析论证流程，将目标转

---

① World Resources Institute. World Resources 2002—2004：Decisions for the Earth：Balance，Voice and Power，2003. Washington，DC：WRI，p. 20.

换成有据可查、有理可依的数据指标。例如，十八大提出的生态红线制度，其筹划落实就需要依靠自上而下不断细化，将红线制度进行指标化落实。

此外，具体环境管理中对环境技术标准、规则、限量指标的制定，也严格要求经过科学的论证后制定，强化环境监测数据的搜集和评估的作用，以先进的环境监测预警体系、完备的环境执法监督体系、高效的环境信息化支撑体系为重点，提高环保部门履职能力，[①] 避免以往拍脑袋决定的现象。

（三）规范化

十八届三中全会决议提出的“改革生态环境保护管理体制。建立和完善严格监管所有污染物排放的环境保护管理制度，独立进行环境监管和行政执法。建立陆海统筹的生态系统保护修复和污染防治区域联动机制。健全国有林区经营管理体制，完善集体林权制度改革。及时公布环境信息，健全举报制度，加强社会监督。完善污染物排放许可制，实行企事业单位污染物排放总量控制制度。对造成生态环境损害的责任者严格实行赔偿制度，依法追究刑事责任”，是对环境保护管理工作的规范化提出了要求，将监督、执法、联动治理、信息公开、社会参与等纳入规范化管理体系之中。

中国共产党十八届四中全会，明确提出“用严格的法律制度保护生态环境，加快建立有效约束开发行为和促进绿色发展、循环发展、低碳发展的生态文明法律制度，强化生产者环境保护的法律责任，大幅度提高违法成本；建立健全自然资源产权法律制度，完善国土空间开发保护方面的法律制度，制定完善生态补偿和土壤、水、大气污染防治及海洋生态环境保护等法律法规，促进生态文明建设”，为规范生态环境保护治理行为，从法治建设的角度做了明确规

---

① World Resources Institute. World Resources 2002—2004：Decisions for the Earth：Balance，Voice and Power，2003. Washington，DC：WRI，p. 20.

定。

尤其，2014年新修订的《环境保护法》，首次将环境保护提升到国家基本国策的高度，明确《环境保护法》修订的目的是促进生态文明建设，成为推进生态环境保护建设的有力制度保障。新修订的《环境保护法》被称为“是现阶段最有力度的《环保法》”[①]，规定了环境保护的基本原则和基本制度，将各类环境行为纳入到规范框架中。作为中国环境保护领域的基础性、综合性法律，新修订的《环境保护法》在完善监管制度、健全政府责任、提高违法成本、推动公众参与等方面实现了诸多突破，提出“环境保护坚持保护优先、预防为主、综合治理、公众参与、损害担责的原则”。在以往所提的“经济发展与环境保护并重”的提法上，对环境保护的重要性做了进一步提升，对以“发展经济”为由，牺牲环境行为做了法律上的杜绝。围绕基本原则，提出了政策环境影响评价制度、环境保护目标责任制度、生态红线制度、区域联防协调制度、污染排放区域限批制度、环境信息公开和公众参与制度、环境公益诉讼制度等。对影响环境的行为进行源头、中间过程、结果等全过程的法律约束和规范。

2014年11月，中国召开的亚太经合组织22次领导人会议后，中国提出了经济社会发展进入新常态。环保部随后提出了生态环境保护治理在理论创新、道路创新、绿色发展、红线原则、制度建设等方面的新常态。[②] 新常态的提出是对照、观察、分析判断环境保护面临的新形势，将环境保护的新思路纳入生态环境治理规范的构建中，在生态文明建设和环境保护的“四梁八柱”的框架下，规范生态环境治理体系和治理能力现代化的具体落实。不但对环境治理现

---

① 新《环保法》解读会，http：//www. mep. gov. cn/zhxx/hjyw/201412/t20141231_293645. htm，2015年1月5日。

② 《主动适应新常态构建生态文明建设和环境保护的四梁八柱——环境保护部周生贤部长在中国环境与发展国际合作委员会二〇一四年年会上的讲话》，http：//www. zhb. gov. cn/zhxx/hjyw/201412/t20141202_ 292302. htm，2014年12月6日。

代化保持动态和活力的特征做了进一步阐释，也呼应了正在开展的法治建设，规范了生态环境治理的进程。

（四）程序化

建立严格监管所有污染物排放的环境保护组织制度体系，是推进生态文明建设的组织保障，也是实现生态环境治理规范化、程序化的要求。生态环保体制改革的主攻方向和着力点是，建立和完善严格的污染防治监管体制、生态保护监管体制、核与辐射安全监管体制、环境影响评价体制、环境执法体制、环境监测预警体制。通过各项制度体制的建设，将治理行为纳入程序化管理中，做到有据可查、有规则可循。通过程序化，实现体制创新后对所有污染物，以及点源、面源、固定源、移动源等所有污染源，大气、土壤、地表水、地下水、海洋等所有污染介质，实行统一规范监管。①

2014 年 4 月通过的《环境保护法》修订内容中对“生态环境治理现代化”的规范和程序化有重要体现②：明确各级政府对环境质量负责，企业承担主体责任，公民进行违法举报，社会组织依法参与，新闻媒体进行舆论监督；明确公民享有环境知情权、参与权和监督权。新增专章规定信息公开和公众参与。新的修订，不但将各类参与主体的责权做出明确，也通过法律将相关方的参与纳入制度体系之中，保证各类行为遵循程序实施。尤其，环境污染和生态破坏与每个人的生存与发展息息相关，保护环境需要采取共同行动。公民的有效参与对环保的成效至关重要。《环境保护法》的修订中第一次对公民、企业、社会组织等参与主体的职责做出明确的强调，将十八大提出的“治理主体多元化”的要求，在生态环境治理领域以法

① 《中共中央关于全面深化改革若干重大问题的决定》，http：//paper. people. com. cn/rmrb/html/2013—11/16/nw. D110000renmrb_ 20131116_ 2 -01. htm，2015 年 12 月 1 日。

② 郄建荣：《新环保法让环境治理不再是政府部门单打独斗》，《法制日报》，2014 年 4 月 28 日。

律的形式进行具体化和固定化，保障公民、社会组织等政府之外的主体参与治理进入程序化的常规管理框架中，是对“生态环境治理现代化”的真正落实。

（五）观念化

生态环境治理的观念化，是指生态文明的理念、思想逐渐深入人心、指导行为的过程。建设生态文明，是一场涉及生产方式、生活方式、思维方式和价值观念的革命性变革。生态文明代表了人类对于人与自然关系的重新定位，是关于自然的价值观的根本转变。①生态文明建设已经被提到“事关实现‘两个一百年’奋斗目标，事关中华民族永续发展”的高度。中国政府对生态文明建设高度重视。2015 年 3 月 24 日，中共中央政治局会议审议并通过的《关于加快推进生态文明建设的意见》指出：“必须弘扬生态文明主流价值观，把生态文明纳入社会主义核心价值体系，形成人人、事事、时时崇尚生态文明的社会新风尚，为生态文明建设奠定坚实的社会、群众基础。”② 在以生态文明为最高目标的生态环境治理过程中，生态文明的理念、价值观也始终被强调。

随着将生态文明纳入社会主义核心价值体系、对生态文明主流价值观的弘扬，这一观念更是深入环境治理的各个环节，从思想、文化、行为方面构筑生态价值观。使生态环境治理的过程与生态文明建设的过程同步进行。但是生态文明建设需要全社会共同努力，需要通过加强宣传教育，在生态环境治理的过程中引导全社会树立生态理念、生态道德，构建文明、节约、绿色、低碳的消费模式和生活方式，把生态文明建设牢固建立在公众思想自觉、行动自觉的

---

① 王灿发：《论生态文明建设法律保障体系的构建》，《中国法学》，2014 年 3 期，第 37 页。

② 《中共中央政治局召开会议审议〈关于加快推进生态文明建设的意见〉研究广东天津福建上海自由贸易试验区有关方案》，http：//www. mep. gov. cn/zhxx/hjyw/201503/t20150317_ 297308. htm，2015 年 9 月 1 日。

基础之上，形成生态文明建设人人有责、生态文明规定人人遵守的良好风尚。这其中就包括国家正在开展的“培养公民生态文明意识”的活动。十八大报告曾提出：要加强生态文明宣传教育，增强全民节约意识、环保意识、生态意识，营造爱护生态环境的良好风气。习主席在中央政治局第六次集体学习会议上提出“加强宣传教育，树立尊重自然、顺应自然、保护自然的理念”。公众的生态文明意识提高了，也就有了参与的动力和积极。但意识的培养并非一朝一夕，需要长期的教育引导，要通过建立制度化、系统化、大众化的生态文明教育体系，努力使生态文明成为主流价值观并在全社会普及。

2015 年 4 月 25 日，《中共中央国务院关于加快推进生态文明建设的意见》提出，“培育绿色生活方式。倡导勤俭节约的消费观。广泛开展绿色生活行动，推动全民在衣、食、住、行、游等方面加快向勤俭节约、绿色低碳、文明健康的方式转变，坚决抵制和反对各种形式的奢侈浪费、不合理消费。”① 这是国家通过积极倡导绿色生活方式改变不合理的消费方式，引导居民合理适度消费，鼓励购买绿色低碳产品，使用环保可循环利用产品，深入开展反食品浪费等活动，在行为上推动生态文明理念的践行。

因此随着生态文明观念的深入人心，生态环境治理将借助全社会的参与，推动实现生态文明建设和美丽中国的长远目标。

---

① 《中共中央国务院关于加快推进生态文明建设的意见》，人民网—《人民日报》，2015 年 5 月 6 日，http：//politics. people. com. cn/n/2015/0506/c1001 – 26953754. html，2015 年 10 月 10 日。

第二章　中国推进环境治理能力和体系现代化的背景

第一节　中国发展面临严峻的环境挑战

一、中国面临的国内环境压力

中国是一个发展中的大国，改革开放30多年来，经济社会发展取得了巨大的成就。但由于资源禀赋并不富裕，生态环境脆弱，加上发展方式粗放，经济结构、产业结构不合理，也在发展中付出了巨大的资源代价。

（一）环境现状

对比发达国家的发展历程，中国在相同发展阶段面临的环境问题更加复杂，难度前所未有。尤其是在2013年冬季，中国大部分地区出现连日的严重雾霾天气，冲击着国内每个民众对自身生存环境恶化问题的认知，也成为全球调侃中国的口实。不光是空气质量，水质、土壤污染问题也都得到更多的关注。据评估，2013年按照新的《环境空气质量标准》（GB3095－2012）实施监测的74个试点城市中，仅海口、舟山和拉萨三个城市空气质量达标，超标城市比例为95.9%。当年全国平均霾日数为1961年以来最多。[1] 酸雨污染程

---

① 环境保护部网站，http：//jcs. mep. gov. cn/hjzl/zkgb/2013zkgb/，2015年12月6日。

度依然较重，2013 年京津冀和珠三角区域所有城市均未达标，长三角区域仅舟山六项污染物全部达标。473 个监测降水的城市中，出现酸雨的城市比例为 44.4%，酸雨频率在 25% 以上的城市比例为 27.5%，酸雨频率在 75% 以上的城市比例为 9.1%。

除了空气问题，这一年的水、土壤污染也已到了非常严重的地步。全国化学需氧量排放总量为 2294.6 万吨，氨氮排放总量为 238.5 万吨，远超环境容量。全国地表水国控断面中，仍有近十分之一（9.2%）丧失水体使用功能（劣于 V 类），24.6% 的重点湖泊（水库）呈富营养状态，不少流经城镇的河流沟渠黑臭。全国 4778 个地下水水质监测点中，较差的监测点比例为 43.9%，极差的比例为 15.7%。全国九个重要海湾中，六个水质为差或极差。[①] 现有土壤侵蚀总面积占国土总面积的 30.7%。其中，水力侵蚀 129.32 万平方千米，风力侵蚀 165.59 万平方千米。[②]

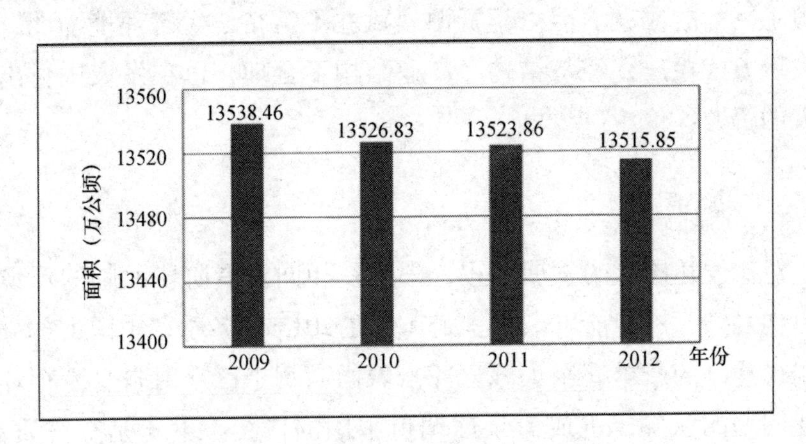

图 1　2009—2012 年全国耕地面积年际变化

资料来源：《2013 年中国环境状况公报》。

---

① 《深化改革创新驱动打好水污染防治攻坚战——〈水污染防治行动计划〉解读之一：管理篇》，环境保护部网站，http://zfs.mep.gov.cn/fg/gwyw/201504/W020150416535477311118.pdf，2015 年 10 月 2 日。

② 数据为 2012 年的。据环境保护部发布的《2013 年中国环境状况公报》，数据采用第一次全国水利普查水土保持普查（数据截止至 2012 年）结果。

2013 年，雾霾的大范围出现是中国环境污染已到极为严重程度的一个警示，这也促使中央政府加快环境治理的步伐。但中国的环境问题积重难返，非短期可以解决。以空气质量为例，2014 年的环境状况依然没有太大起色。2014 年，全国开展空气质量新标准监测的 161 个城市中，只有 16 个城市空气质量年均值达标，超标城市仍然达到 90% 以上。2014 年，京津冀、长三角、珠三角等重点区域和直辖市、省会城市及计划单列市共 74 个城市中，海口、拉萨、舟山、深圳、珠海、福州、惠州和昆明八个城市的细颗粒物（PM2. 5）、可吸入颗粒物（PM10）、二氧化氮（NO_2）、一氧化碳（CO）和臭氧（O_3）等六项污染物年均浓度均达标，其他 66 个城市存在不同程度的超标现象。[①]

到 2015 年底，中国的环境形势依然严峻：传统煤烟型污染与臭氧、PM2. 5、挥发性有机物等新老环境问题并存，生产与生活、城市与农村、工业与交通环境污染交织。2015 年，首批开展监测考核的 74 个城市的平均超标天数比例超过四分之一，达 28. 8%。全国地表水特别差和特别好的水体都在减少，城市的黑臭水体大量存在。海河、黄河、辽河流域水资源开发利用率分别高达 106%、82%、76%，远远超过国际公认的水资源开发生态警戒线（40%）。全国生态足迹增加的速度远高于生物承载力的增长速度，是生物承载力的两倍以上。[②] 国家开展生态环境质量考核的 512 个县中，105 个变好，66 个变差。全国土壤环境状况方面，总的点位超标率为 16. 1%，耕地土壤点位超标率为 19. 4%。长三角、珠三角、东北老工业基地等部分区域土壤污染问题较为突出，西南、中南地区土壤重金属超标范围较大。[③]

---

① 2014 年环境状况公报，http：//jcs. mep. gov. cn/hjzl/zkgb/，2015 年 9 月 2 日。

② 《陈吉宁：要将改善环境质量贯穿到环保工作的各领域》，人民网，http：//cpc. people. com. cn/n1/2016/0113/c64102 –28048765. html，2016 年 3 月 30 日。

③ 《全国人大常委会首次听取和审议全国环境状况和环保目标完成情况的报告——根据环保法要求，陈吉宁受国务院委托作 2015 年度报告》，环保部网站，http：//www. mep. gov. cn/zhxx/hjyw/201604/t20160426_ 336736. htm，2016 年 5 月 1 日。

究其原因，目前城市化、工业化、人口增长以及经济发展四大驱动力带来的规模效应仍然可观，使得近年来我国总体的产业结构并未能发生根本性的变化，污染物减排的任务基本上依靠末端治理和技术进步来完成。过去几年虽然末端治理（包括部分技术与管理减排）的贡献巨大，但是很快便出现天花板效应，不能根本解决环境污染问题。[①] 即使效率提升后的污染控制效应，也很容易被规模增长带来的更多污染所抵消，加上环境法规的落实和监管实施不理想，未来中国环境治理的任务依然非常艰巨。尤其，2015 年相继发生的福建漳州古雷石化项目爆炸、天津港“8·12”特别重大火灾爆炸事故等一系列重、特大安全生产事故，表明长期以来粗放式发展的负面影响开始集中出现、国家进入环境高风险期。

由于全球环境条件发生变化，国外的环境治理有可借鉴的内容，但不能照搬。20 世纪的后 40 年里，日本对外转移了 60% 以上的高污染产业，美国转移出去的高污染产业占 40% 左右。发达国家当年可以用这样的方式向世界转嫁危机，今天的中国已不再有类似的解决环境污染并推动经济发展的机会。中国有效应对当下的突出环境问题、尽快推动解决长期存在的污染问题，需要更高的远见和更大的智慧。

（二）环境压力

中国的资源环境问题已经严重制约了经济社会持续健康发展，影响了现代化的进程。以水资源的消耗为例。我国人均水资源量少，时空分布严重不均。用水效率低下，水资源浪费严重。万元工业增加值用水量为世界先进水平的 2—3 倍；农田灌溉水有效利用系数 0.52，远低于 0.7—0.8 的世界先进水平。局部水资源过度开发，海河、黄河、辽河流域水资源开发利用率分别高达 106%、82%、

---

① 中国环境与发展国际合作委员会秘书处：《中国环境与发展国际合作委员会年度政策报告：2013·面向绿色发展的环境与社会》，中国环境出版社，2014 年版，第 4 页。

76%，远远超过国际公认的40%的水资源开发生态警戒线，严重挤占生态流量，水环境自净能力锐减。全国地下水超采区面积达23万平方公里，引发地面沉降、海水入侵等严重生态环境问题。[①]

虽然中国在环境保护上的投入持续增加，但仍不足以遏制恶化趋势，实现环境质量的持续改善。未来一段时间，中国将基本完成工业化、城市化和农村现代化。预计到2020年，我国GDP总量将达68万亿元，人均GDP将超过5600美元，城市化率将达到58%，人口总量将超过14亿，能源消耗将增长到39.8亿吨标准煤。未来在环境容量相对不足、环境风险不断加大、环境问题日趋复杂的情况下，中国将面临的环境压力主要表现在以下几方面。

工业发展的资源环境代价短时期难以消除。未来20年是我国基本实现工业化的阶段。我国经济发展正迈向工业化中期阶段，经济增长的主要动力来自于第二产业，传统的污染型行业依然在增长。由于经济增长方式的转变必然经历一定的时间和过程，在完成过渡之前，经济总量的增长必然还会伴随污染物的持续增长，在技术进步和管理控制达到一定水平之前，污染排放总量还会增加，破解和平衡发展与保护之间的矛盾面临很大的挑战。尽管十八大以来政府从法律、政策、监督执法等多方面加大力度治理环境问题，但环境问题仍非常严重并时有反复。2015年3月，环境保护部发布的2月份重点区域和74个城市空气质量状况，与上年同期相比，74个城市平均达标天数比例由60.3%下降为59.9%，降低了0.4个百分点。由于工业快速发展带来的污染与环境治理之间的较量刚刚开始，环境状况的反复在一段时间内都将是环境保护工作的巨大压力。

人口增长和城市化推进，对城市环境保护带来巨大挑战。预计2020年我国人口将达到15亿左右，我国城乡居民家庭恩格尔系数平

---

① 《深化改革创新驱动打好水污染防治攻坚战——〈水污染防治行动计划〉解读之一：管理篇》，环境保护部网站，http：//zfs. mep. gov. cn/fg/gwyw/201504/W020150416535477311118. pdf，2015年9月2日。

均可达35%[①]，逐渐向小康型社会转变。随着城市化的快速推进，居民消费能力伴随消费习惯的变化将有更大提升，因消费增加而产生的废弃家电、建筑材料、汽车等将急剧增加，对环境容量也是巨大挑战。预计到2020年，城市化率将达到50%，城市生活污水河垃圾产生量将比2000年分别增长约1.3—2倍。在绝大部分中小城市和城整的基础设施建设严重滞后的情况下，需要处理的生活垃圾和废水等将给城市环境带来重要挑战[②]。

经济全球化推动生产要素的全球流动，发达国家主导的国际分工继续影响中国的环境状况。中国的环境压力中一个重要来源为现有的国际分工。发达国家主导的国际分工及产业链中，中国生产并出口低廉的普通服装、纺织品、家用电器、普通手机、玩具、普通工具、家具等，这些产业的制造环节技术含量低，产品附加值小、对环境影响大，甚至某些产品生产加工过程中对环境的影响触目惊心。金融危机之后，发达国家为了恢复经济，加大了对制造业的扶持力度，具有比较优势的汽车制造、装备制造、电子信息、生物医药等技术密集型、劳动集约型行业出现向国内“回归”的迹象。[③]发达国家“再工业化”相关的产业在一定程度上与中国正在提升的产业链计划产生竞争，对中国现有产业结构的转型升级带来压力，进而影响中国因产业结构升级而带来的环境改善成效的实现。另外，中国人口众多、劳动力整体素质的提高有待时日，对污染大、生产简单的产业仍然存在需求，这也将延缓中国的产业升级步伐，从而影响环境治理步伐。

农业生产和农村生活的“现代化”对可耕土地和农村环境压力更大。农业现代化的推进，使农药、化肥的大量使用成普遍现象，

---

① 按照联合国粮农组织提出的标准，恩格尔系数在30%—40%为富裕。

② 中国工程院环境保护部：《中国环境宏观战略研究（上）》，中国环境科学出版社，2011年版，第35页。

③ 邓洲：《发达国家“再工业化”对国际分工格局的影响》，《创新》，2014年第1期，第84页。

土壤污染加剧。食品安全形势也更加严峻。农村生活水平的提高、农村基础设施的薄弱，使农村自身产生的大量生活废弃物难以安全处理。同时，城市污染向农村的转移也在加剧农村环境的恶化。

快速的经济发展对资源环境压力继续加大，人口增长与消费转型对环境压力不断增强，城市化进程加快对环境造成新的冲击，工业化发展特别是重化工业项目的大量建设对环境形成新的压力，农村发展和农业现代化带来的新的环境问题，资源能源消费增长对环境压力持续增加，全球和区域环境的压力将日益显现。这些压力共同作用，将推动我国环境问题在结构上发生变化：随着化学物品应用范围的不断扩大，新的污染物质不断增加，污染物介质从以大气和水为主转变为大气、水、土壤三种污染介质并存，污染物来源从以工业和城市为主转变为工业、城市和农村三种来源，污染区域从以城市和局部地区为主转变为区域、流域和全球，污染类型从常规污染转变为复合型污染。[①]

二、中国面临的国际环境压力

松花江重大水污染事件后，我国环境资源问题所面临的国际压力骤然增加，国际舆论对中国过去20—25年所走的“污染—繁荣”的发展道路表示质疑，并认为中国的环境污染已经超越国内问题的范畴。中国环境资源问题所面临的国际压力持续多年，主要表现在五个方面：环境安全成为国家安全的重要内容；污染物总量大，影响全球环境；与周边国家环境摩擦上升；资源需求增长，影响世界资源供给；环境问题已成为对外贸易制约因素。[②]

近些年，中国的经济总量的快速增长与全球经济不景气形成鲜明对比，也刺激着有着不同想法国家的神经。据2014年12月15日

① 中国工程院环境保护部：《中国环境宏观战略研究（上）》，中国环境科学出版社，2011年版，第6页。

② 杨朝飞：《中国环境问题的国际压力正在加大》，http：//news. xinhuanet. com/environment/2006—06/12/content_ 4681977. htm，2015年12月1日。

《参考消息》报道，根据购买力平价计算，到2014年底中国的国内生产总值将达到17.6万亿美元，而美国则只有17.4万亿美元。而日本多年来在居亚洲第一、全球第二的经济总量，2010年被中国赶上，2014年变成了中国总量的一小半。德国《商报》2014年12月12日发表一篇题为《还有空间向上》的文章。作者系德国的中国问题专家弗兰克·泽林。他在文中称，十年前，中国跃居世界经济领先位置还只是纯粹的想象。尽管如此，这个人口众多的国家赶上美国的那一天终会到来却是每个人都清楚的。

中国国内环境的持续恶化，成了对中国国力不断增强而感到紧张的国家借以对中国施加压力、用以慰籍自己不安的抓手。尤其，中国环境恶化的国际报道，以高密集和大篇幅的形式出现，对中国的经济、社会，甚至国家安全都在产生不利影响。由于国内环境问题的现实状况，中国正在面临着来自国际社会的巨大政治、经济压力。2013年，中国出现了迄今以来最为严重的、大范围的雾霾天气。中国的雾霾受到周边国家甚至大洋彼岸的美国的密切关注。这些媒体聚焦中国雾霾的危害性，忽略中国政府应对举措，强调中国政府应对措施不力，对中国政府施加压力。2013年《纽约时报》共发表以“中国雾霾”为主题的报道38篇。报道所涉及的主要议题中以污染状况最多达37次，危害和影响22次，治霾政策和举措8次。[①] 而2014年APEC会议期间北京的蓝天，也成了全球对中国空气污染调侃的话题。似乎在中国，除了强制限行、大批量关停生产，其他常规措施已远远难以见效。由于媒体的关注，中国环境问题成了全球热点题目，维基百科甚至新增了“2013年中国东北雾霾事件”的词条。

2014年9月22日，德国《商报》针对即将召开的联合国气候变化峰会，指出“全球碳计划的最新数据显示，中国目前的人均碳排放量已超过欧盟，排在美国和澳大利亚之后；中国是碳总排放量

---

① 侯晓素：《纽约时报对中国雾霾的报道特点及外宣应对》，《对外传播》，2014年7月，第37—38页。

的最大国，是美国碳排放量的两倍，比美国和欧盟的碳排放量的总和还多”，同时表示“新的数据要求中国担负起新的责任”。而针对中国的雾霾天气，2014 年 11 月 24 日，美国彭博社报道称：“还有什么比索契这个满是棕榈树、没有雪的亚热带地区搞冬奥会更糟糕的事吗？或许是在中国污染最严重的省份进行滑雪比赛、在雾霾笼罩的华北平原举办冬奥会开幕式吧。”报道直指目前的北京“没有资格”申办冬奥会。

此外，中国的空气污染还在以增加投资成本的形式“驱逐”在华企业。日本《产经新闻》称，为避免风险，日企会加快向东南亚国家迁移的速度。[①] 而且，由于雾霾的报道，中国也吓走了不少潜在的来客。一些跨国公司在华高层表示，空气污染大大增加了国际招聘的难度，并且很难说服人们到世界上污染最严重的城市来工作。这无疑将严重影响中国在国际人才市场上的竞争力。

可见，中国的环境问题不但影响国家的对外形象、使国家在国际谈判场合处于被动地位，而且正在对开展对外投资合作产生重要影响。

中国面对的国内及国际环境压力，说明了现有的环境治理体系难以适应现实的环境状况，必须以全新的思路来应对挑战。生态环境治理是围绕“生态文明建设”这一新的理念所确立的新时期中国的环境保护战略思维。而生态文明作为一种新的文明形态是对旧的发展模式和社会制度的一种扬弃和超越，以生态文明建设为最终目标的生态环境治理，所进行的体系构建和能力培养都要围绕这一全新的理念而开展，就需要重新构建与之相适应的体系，并培养相关的能力。[②]

---

① 《北京外企因雾霾支付外籍雇员 15 万“危险津贴”》，http：//finance. ifeng. com/news/region/20130502/7986349. shtml，2014 年 8 月 2 日。

② 王灿发：《论生态文明建设法律保障体系的构建》，《中国法学》，2014 年第 3 期，第 38 页。

第二节　环境治理体系和能力现代化是中国治理现代化的关键一环

一、环境问题在中国国家议程上的重要性日益凸显

（一）人类环境会议后环境保护首次在国家层面受到关注

中国将环境问题真正纳入到环境保护的范畴中，是1972年参加联合国斯德哥尔摩人类环境会议后。此前，环境管理散落在其他相关的经济部门，并且多以卫生健康防护政策和措施的形式出现。1972年受到国际环保运动的影响，中国政府开始从自然环境的角度关注人类行为所造成的影响。

1973年第一次全国环境保护会议，首次承认社会主义制度的中国也存在着比较严重的环境问题，需要认真治理。会议第一次将环境保护问题提到国家政策层面加以讨论，揭开了中国环境保护事业的序幕。会议出台了“全面规划、合理布局、综合利用、化害为利，依靠群众、大家动手，保护环境、造福人民”32字方针，体现出当时对环境保护事业的认识。会议还指出这32字方针的内涵、作用、指导意义：全面规划、合理布局，是保护环境、防止污染的一个极其重要的方面；综合利用、化害为利，是消除污染危害的积极措施；依靠群众、大家动手，指的是保护环境必须走群众路线；保护环境、造福人民，是环境保护的目的。[①] 围绕32字方针，我国通过了第一部环境保护的法规性文件——《关于保护和改善环境的若干规定（试行草案）》，并对环保工作进行全面部署。

---

① 翟亚柳：《中国环境保护事业的初创——兼述第一次全国环境保护会议及其历史贡献》，《中共党史研究》，2012年第8期，转引自中共中央文献研究室网站，http://www.wxyjs.org.cn/dsgsjsyj_575/201211/t20121119_137390.htm，2015年11月19日。

1978 年 3 月，五届全国人大二次会议对 1975 年《宪法》进行修改，在第 11 条中首次专门对环保做出规定："国家保护环境和自然资源，防止污染和其他公害。"宪法的修改，为政府实施环保管理和制定专门的环保法律奠定了宪法基础。1978 年 12 月 31 日，中共中央批转了国务院环境保护领导小组的《环境保护工作汇报要点》，第一次以党中央的名义对环境保护工作做出指示，引起了各级党组织的重视，加快了全国各级环保系统的机构建设步伐，环境保护行动的落实。

（二）第一部环境保护法将环保工作引入法制轨道

1979 年，《中华人民共和国环境保护法（试行）》颁布，明确了环保的基本方针、任务和政策，确立了"将环境保护纳入计划统筹安排""预防为主、防治结合、综合治理""谁污染、谁治理"等基本原则，制定了环境影响评价、"三同时"等基本法律制度。《中华人民共和国环境保护法（试行）》的颁布，标志中国环保法律体系开始建立。[①] 在国家法制体系尚不健全的情况下，《中华人民共和国环境保护法（试行）》的颁布也说明了国家对环境管理的重视。作为对法律规定的落实，政府在 1982 年制订的"六五"计划中首次纳入了环境保护的内容。

1989 年 4 月，国务院召开第三次全国环境保护会议，提出向环境污染宣战，并强调加强制度建设，全面推行新老八项环境管理制度。1989 年 12 月，七届全国人大第十一次会议通过《中华人民共和国环境保护法》（简称《环保法》）。此后，中国的环保制度以《环保法》为基础，扩展到水、大气、海洋等重要领域，并建立了以排污收费制度、"三同时"制度、环境影响评价制度为核心的基本环境管理制度，从横向、纵向的角度搭建起环境保护治理的基本框架。

---

① 金瑞林、汪劲：《20 世纪环境法学研究述评》，北京大学出版社，2003 年版，第 73 页。

随着国家对环境问题的意识逐渐提升，对环境管理的重视程度也在提升，并通过法制机制建设，逐渐构建环境保护管理的体系。但由于经济是发展第一要务，这一时期，环境保护还没上升到国家重点工作的高度。

（三）第二次全国环保会议首次提出环保是一项基本国策

1983年12月国务院召开了第二次全国环境保护会议，明确提出环境保护是一项基本国策，经济建设和环境保护必须同步发展，确立了环境保护在国民经济和社会发展中的重要地位。使中国的环保工作从单纯的污染治理，逐渐向重视经济、社会与环境协调发展的方向靠拢。

1984年颁布的《国务院关于环境保护工作的决定》，提出成立国务院环境保护委员会、对相关部委的职能进行界定、在地方政府和大中型企业设置环保机构、将环保能力建设纳入中央和地方的投资计划等。同年，国务院环委会成立，使环境保护冲破机构限制，加大了各部门在环境保护方面的工作协调合作，[①] 提升了环境保护的重要性。

（四）环境保护被提到国家发展的高度，逐渐进入国家核心日程中

1992年6月，巴西里约热内卢联合国环境与发展大会后，中国提出《关于环境与发展的十大对策》，作为国家协调经济发展和环境保护的行动纲领。十大对策的提出，向外界发出三个信号：转变发展战略，走持续发展的道路；继续把防治工业污染和进行城市环境综合整治作为环保工作的重点；强化政府在环境管理上的职能，更好地运用经济手段和法律手段保护环境。其中，可持续发展道路的提出，首次在中国将环境保护与国家长远发展联系到一起。既是中

---

① 中国环境宏观战略研究项目办公室：《中国环境宏观战略研究摘要》，中国环境出版社，2013年版，第10页。

国环境保护管理转型的标志，也是环境保护真正在宏观上受到重视的开端。

1992 年 10 月，环境保护第一次在党的全国代表大会报告中出现。党的十四大将“加强环境保护”和“控制人口增长”作为我国的基本国策一并表述。环境问题虽只有短短一句话：“要增强全民族的环境意识，保护和合理利用土地、矿藏、森林、水等自然资源，努力改善生态环境”，但标志着国家对环境保护的整体行动已有考虑。此后，党的十五大、十六大报告中更进一步从可持续发展的角度提出了保护环境的要求。

2002 年 1 月，第五次全国环境保护会议，提出环境保护是政府的一项重要职能，要按照社会主义市场经济的要求，动员全社会的力量做好这项工作。这次会议的意义在于提出了必须把环境保护放在更加突出的位置。2002 年 8 月为纪念人类环境会议 30 周年、里约联合国环境与发展大会（简称里约环发大会）10 周年，联合国在南非约翰内斯堡举行了可持续发展世界首脑会议，进一步提出践行“里约会议所倡导的全球伙伴关系和可持续发展战略”。随后中国制定了《中国 21 世纪初可持续发展行动纲要》，不但将环境保护纳入国家整体发展的角度考虑，还就行动的落实进行了具体化。这一时期环境保护借助“可持续发展”和“发展是第一要务”的战略，进入国家核心议程的区间。

（五）环境保护成为国家重要的战略内容

2003 年 10 月，中国共产党十六届三中全会提出了“科学发展观”，其内涵为“就坚持以人为本，树立全面、协调、可持续的发展观，促进经济社会和人的全面发展”，坚持“统筹城乡发展、统筹区域发展、统筹经济社会发展、统筹人与自然和谐发展、统筹国内发展和对外开放的要求”。

2005 年以后，我国环境污染事件不断出现，并且影响日益恶劣。与社会经济发展的重大进步相反，环保指标远不能完成，环境与发展的矛盾日益尖锐。国家于2006年提出环保历史性转变，从国家战略层面提出调整经济发展与环保的关系，把环保理念和要求渗透到经济社会发展中，把环保放到生产、流通、分配和消费的再生产全过程中，全面防控污染和资源环境损耗。2006年，十届全国人大通过了《国民经济和社会发展第十一个五年规划》，将环保工作单独列为一篇，使国家未来五年的环保工作更加细化和具体，规划的指导性更加明确。此次规划还首次提出主体功能区域的划分和区域互动机制的构建。

2006年4月，第六次全国环境保护会议，提出“在发展中保护，在保护中发展”，认真贯彻党的十六届五中全会和十届全国人大四次会议精神，落实国务院关于加强环境保护的决定，总结“十五”期间的环保工作，部署此后五年的环保任务，进一步开创我国环境保护工作的新局面。并指出，必须把环境保护摆在更加重要的战略位置。2007年，党的十七大报告第一次明确提出了建设生态文明的目标，要求必须把建设资源节约型、环境友好型社会放在工业化、现代化发展战略的突出位置，落实到每个单位、每个家庭。要完善有利于节约能源资源和保护生态环境的法律和政策，加快形成可持续发展体制机制。

战略规划的制定和逐渐落实，为环境保护在国家核心议程中从“口号”转向“行动”，切实对国家可持续发展产生影响，起到了关键作用。

（六）生态环境保护成为国家重大决策中的重要议题

2011年，第七次全国环保大会提出了“坚持在发展中保护、在保护中发展，推动经济转型”，将环保作为经济转型、可持续发展的重要推动因素。2013年，在十八大报告中，环境保护的地位到了前所未有的高度。十八大报告不再单独提及环境保护，而是把环境保护，资源节约，能源节约，发展可再生能源，水、大气、土壤污染治理等等一系列事项统一为“生态文明”的概念，并且上升到空前的高度，作为整个报告 11 个部分中的第八部分被单独强调。

让生态文明专门成为一个独立部分，全面阐述了我们国家的生态文明建设，并把生态文明提到一个新的历史高度，系统化、完整化、理论化地提出了生态文明的战略任务，把生态文明放在突出位置，融入经济建设、政治建设、文化建设、生态文明建设各方面和全过程。

2013 年底，党的十八届三中全会通过了《中共中央关于全面深化改革若干重大问题的决定》（以下简称《决定》），提出经济、政治、文化、社会以及生态文明建设等领域“五位一体”的体制改革，超越以往以经济改革为主题的传统。生态文明建设作为“五位一体”总布局中的重要一环，成为重要的改革议题之一。“加快生态文明制度建设”作为一项重要内容被提出。《决定》站在中国特色社会主义事业“五位一体”总布局的战略高度，把加快生态文明制度建设作为当前亟待解决的重大问题和全面深化改革的主要任务。此外，《决议》还特别强调发挥生态环境保护在资源利用、投资选择、贸易谈判中的重要作用，使生态环境保护第一次真正在国家重大决策领域上升为重要议题。

2014 年 12 月，中央经济工作会议专门将环境保护作为九大经济发展新常态的特征之一提出：“从资源环境约束看，过去能源资源和生态环境空间相对较大，现在环境承载能力已经达到或接近上限，必须顺应人民群众对良好生态环境的期待，推动形成绿色低碳循环发展新方式”，将在经济发展新常态中进行考量，并要求“更加注重建设生态文明”。①

随着中国的发展进入新常态阶段，生态环境保护已经成为国家重大事务中的一项，与宏观经济等一并被作为国家日常重要工作被重点关注。2016 年 3 月 5 日，中国国务院总理李克强在北京向十二届全国

① 《2014 年中央经济工作会议要点》，人民网，http：//finance. people. com. cn/GB/n/2014/1211/c1004 -26192360. html，2015 年 11 月 20 日。

人大四次会议作政府工作报告时，列出的中国2016年的八项重点工作中，就包括加大环境治理力度、推动绿色发展取得新突破的内容。

二、中国环境治理具有重要的示范作用

在国家治理中经济政治与一国的生存发展、稳定直接相关，属于传统的社会管理问题。而环境、卫生等则属于非传统治理领域，无论在全球还是单个国家的治理中，在以往都不被看作最重要的问题。中国亦是如此。但近年来环境恶化对中国的影响已经由量变到质变，延伸到了经济和政治等领域，成为继经济政治问题之外，又一重要的治理课题。由于是非传统治理领域里迄今为止最为受重视的课题，中国环境治理的成功推动，将对其他非传统领域具有重要的示范作用。特别的是，中国的环境治理，面临经济快速增长与环境资源巨大压力并存、多种环境问题叠加出现的复杂情况，治理的成功理念、方法将对其他发展中国家有较强的借鉴意义。因此中国环境治理的开展不但将对国内其他治理领域有示范作用，也将积极影响其他发展中国家的环境治理。

（一）对国内其他领域治理的示范作用

与经济等领域不同，良好的生态环境是一种公共产品，具有正外部效应，因此环境治理需要政府主导推动，公民充分参与和监督。中国生态环境治理包含善政和善治的内容，其意义就是既调动政府的效率、充分挖掘政府管理的潜力，也要充分调动第三方或公众的监督潜力。国家治理对中国来说是正在创建和实施的新课题，在各个领域都是如此。但生态环境治理是国家在非传统治理领域中最为重视的问题，在未来相当长的时间内政府将花大量的投入来推动。相比其他领域，生态环境问题对生存发展的影响更大，解决的紧迫性更强。因此目前国家正在全力推动生态环境治理。这也将促使这一领域的创新改革有较快的发展。

与环境治理一样，中国卫生、文化等领域都是国家非传统的治

理领域，同样具有一定的公共产品的特性，也需要多元参与推动共治。并且与生态环境治理一样，这几个领域也面临体系、机制、能力等问题。生态环境治理的政府工作经验和第三方参与的经验，对这些领域的治理都将有重要的参考价值，产生显著的示范效应。

另外，中国生态环境治理的国际合作经验，对国内其他治理领域的国际合作也会具有借鉴意义。中国环境保护问题早先与政治问题的关联性不强，受其他利益的牵绊较小，能够相对容易地推进，因此环境保护国际合作开展较早。中国的环境国际合作经验已经超过20年，涉及技术、管理、政策等多个领域，对全球环境治理的跟随较为紧密、国际基础较好，获得了较为丰富的经验。而且随着国内环境治理如火如荼地开展，国际层面的相关合作也会更加紧密。这些经验和经历对国内其他领域治理的国际合作，也将提供较具典型意义的案例信息和经验教训。

（二）国际示范

无论是发达国家产业转移的结果，还是发展中国家自身发展导致的结果，发展中国家是全球环境问题的集中爆发地。以气候变化为例，发展中国家受其影响最大。据联合国环境规划署（UNEP）的评估，全球受干旱、洪水等环境灾害影响的90%的人口在发展中国家。[①] 而2014年政府间气候变化专门委员会（IPCC）第五次评估报告预测，在气候变化的影响下，大多数发展中国家将更加贫困。[②]

中国是全球发展中国家中经济发展较快的国家，但也面临严重的环境问题，对百姓的健康和国家生存发展带来极大的威胁。中国自十八大以来，将生态环境保护作为改革和发展的重要内容，

---

① 联合国环境规划署：《全球环境展望4：旨在发展的环境决策者摘要》，中国环境科学出版社，2008年版，第4页。

② IPCC Group II. Climate Change 2014Impacts，Adaptation，and Vulnerability，CAMBRIDGEUNIVERSITY PRESS. 2014（20）.

提出行经济、政治、文化、社会以及生态文明建设等的“五位一体”体制改革。生态环境治理的法律制度、组织管理、第三方参与等各方面的改革和创新正在大力推进。中国在环境治理方面的各项行动，在外媒看来也体现了极大的信心和决心。路透社2015年3月5日报道：中国改革的关键是整改工业部门，中国要着重解决污染严重的重工业的产能过剩问题和提升中国制造业在全球价值链中的地位。中国政府在治理污染和打击腐败问题上信心坚定，但治理污染有可能在短期内影响中国经济增长速度。日本《朝日新闻》2015年3月6日报道：李总理在表明治理严重大气污染的决心时，特别加重了语气，称“环境污染是民生之患、民心之痛”，并提出了二氧化碳和氮氧化物减排目标，而这是2014年的政府工作报告没有谈到的。同天，英国《每日电讯报》网站报道：中国国务院总理5日在人大会议上表示，作为打击污染“阴影”的斗争之一，中国将掀起一场可再生能源“革命”，这让人们对中国治理环境的决心再次感到乐观。

尽管中国自身在环境保护方面面临较大压力，但以往在环保领域所做的积极努力还是得到了国际社会的赞许，中国多年来在环境保护南南合作方面的努力也得到了发展中国家和联合国机构的认可。中国和其他广大发展中国家面临相似的环境挑战，在环境治理方面有相同的诉求。随着其他发展中国家自身对环境问题重视度不断提升，这些国家参与国际环境治理合作的需求日益上升。中国的环保应对经验也正在成为其他发展中国家借鉴的典范。

中国正在开展的生态环境治理经验，对其他发展中国家的环境改善来说是很好的学习资源。多年来，中国开展国际合作和国内环境治理累积了丰富的技术、人才资源。同时，积极发展与其他发展中国家的环境治理合作，是中国主动承担国际责任的一个体现。中国开展针对其他发展中国家的生态环境治理的示范合作有诸多优势。而且，随着中国在全球化进程中的深入参与，中国政府在推动全球环境治理的进程中将发挥越来越重要的作用。2015年，中国国家主席习近平出席联合国可持续发展峰会时宣布，中国将设立南南合作援助基金，首期提供20亿美元支持发展中国家落实2015年后发展议程，中国将增加对最不发达国家投资，力争2030年达到120亿美元。因此中国环境治理的开展和成效，将通过中国的主动示范传播到其他国家。

第三节　中国具备推进环境治理体系和能力现代化的基本条件

一、中国环境观念的变迁

（一）人定胜天

中华民族自古就有尊重自然、珍惜资源的思想。新中国成立前，近半个世纪的战乱纷争，整个国民处于生存与死亡的抗争中，有关环境保护的宝贵思想并没有完全得到传承。尤其新中国成立以后的很长一段时间，为了巩固政权、解决百姓基本生存问题，政治稳定、经济发展都作为第一要务体现在国家重大日程上。从官员到百姓的观念中，自然环境是人类取之不尽的资源库、包罗万象的垃圾场，环境问题不会对人类生存产生威胁，无需特别关注。

特别是，新中国的成立是由一穷二白的革命者带领一穷二白的老百姓经历了千难万难而取得的，是“人民的力量无穷”的最有力的证明。早期来自水灾、地震等自然灾害的威胁，也凭借着中国人的团结和苦干精神，一次次地得到应对。人们心中对于人类与环境关系的理解，更多的是人类改造和应对自然的智慧和力量。“人定胜天”自然成了新中国早期关于人与自然环境关系的典型认知。

在人类对自然了解甚少、发展能力极弱的情况下，面对大的自然灾难，“人定胜天”的号召激发了人民面对灾害所必需的信心和勇气。通过发动人民群众的主动性、把自然灾害当作一场革命战争，中国人确实克服了1959年开始的三年困难时期。自然的可改造性，在中国人心中根深蒂固。由于国民经济初入正轨，国家工业化刚刚起步，环境污染和生态破坏只是在局部地区出现且程度较轻，1972年前中国人关于环保的认识，普遍存在意识尚未觉醒的问题。政府也并未明确提出环境保护的概念，更别提制定相应的环保政策。为数不多的有关废弃物、有毒物品的排放、处置等文件，都是从维护人体健康的角度提出。

（二）意识觉醒

1972年，联合国第一次环境大会唤醒了中国关于环境保护的意识。1972年前，“环境保护”一词在中国官方文件中鲜见。以《人民日报》的报道为例，检索1949年10月至1972年6月间，以“环境保护”为标题或内容的文章，没有命中的文献。[①] 20世纪70年代初，大连湾滩涂养殖业遭污染、官厅水库的鱼有异味等事件的出现，都是作为紧急事件处理，没有与环境保护联系到一起。

1972年出于政治考虑，中国派代表参加斯德哥尔摩召开的联合国第一次环境会议，成了中国对环境保护的首次认知，也推动了国家高级层面环保意识的觉醒。通过此次会议，参会人员意识到中国也存在环境问题，并得出了“中国城市的环境问题不比西方国家轻，而在自然生态方面存在的问题远在西方国家之上”的结论。[②] 加之，这一年国内接连出现水域污染导致的中毒和疾病事件：大连海湾污染事件、官厅水库农药污染事件等，更加深了与会代表对国内环境问题的认识。

---

① 翟亚柳：《中国环境保护事业的初创——兼述第一次全国环境保护会议及其历史贡献》，《中共党史研究》，2012年第8期，转引自中共中央文献研究室网站，http://www.wxyjs.org.cn/dsgsjsyj_575/201211/t20121119_137390.htm，2015年8月1日。

② 杨文利：《周恩来与中国环境保护工作的起步》，http://www.iccs.cn/contents/401/9969.html，2014年12月5日。

此后不久，在 1973 年第一次全国环境保护会议上，政府制定了 32 字方针，并一度成为中国开展环境管理的指导精神。环境保护的思想从“星星之火”燎向全国，逐渐唤起全国对相关问题的认知和关注。但当时由于国家经历政治动乱和环境意识还没有被提升到足够的高度，环保工作只是应对、应急式的开展着。

（三）与社会发展统筹考虑

虽然 1983 年召开的第二次全国环境保护会议，提出的“经济建设、城乡建设和环境建设要同步规划、同步实施、同步发展，做到经济效益、社会效益、环境效益相统一”的指导方针中，就已经有了经济、社会、环境统筹协调的思想。但协调仅限于环保机构内部，没能真正触及经济等其他领域，也就难以真正实现经济、城乡、环境建设的同步进行。

1992 年里约环发大会召开，第一次在全球正式提出“环境问题与经济、社会发展结合起来考虑”，树立了环境与发展相协调的观点。当时中国正处于改革开放的转折时刻，经济发展模式的选择正在考验着领导人的智慧。可持续发展思想的提出，对中国人未来发展道路的选择起到了启发作用，并推动管理者和研究者对传统发展方式的反思。

中国国内环境状况伴随经济发展的步伐，急速恶化。可持续发展思想中所提到的环境、经济、社会和谐发展的理念，符合中国的现实需求。1992 年，中国提出了环境与发展的十大对策，并将其作为协调经济发展和环境保护的行动纲领。1993 年 3 月，第八届全国人大一次会议通过了增设全国人大环境保护委员会（1994 年更名为环境与资源保护委员会，简称“环资委”）的决定，标志中国官方层面对环保的统筹需求的真正认可和落实。自此，中国的环保立法、执法工作有了全面统筹和协调的平台。1994 年颁布了《中国 21 世纪议程——中国 21 世纪人口、环境与发展白皮书》。

2002 年 9 月，联合国约翰内斯堡可持续发展世界首脑会议后，中国制定了《中国21世纪初可持续发展行动纲要》。2003年10月，中国共产党十六届三中全会提出了“科学发展观”，其内涵为“坚持以人为本，树立全面、协调、可持续的发展观，促进经济社会和人的全面发展”，坚持“统筹城乡发展、统筹区域发展、统筹经济社会发展、统筹人与自然和谐发展、统筹国内发展和对外开放的要求”。

2005年以后我国环境污染事件不断出现，并且影响日益恶劣。与社会经济发展的重大进步相反，环保指标远不能完成，环境与发展矛盾日益尖锐。国家于2006年提出环保历史性转变，从国家战略层面提出调整经济发展与环保的关系，把环保理念和要求渗透到经济社会发展中，把环保放到生产、流通、分配和消费的再生产全过程中，全面防控环境污染和资源环境损耗。此后，我国颁布制定了《环境影响评价法》《排污费征收使用管理条例》《循环经济促进法》《可再生能源法》《清洁生产促进法》等。

这一时期，中国的环保观念逐渐向可持续发展靠拢，并随着国家环境、经济发展矛盾冲突的显现，迫使环境保护的实际开展与经济发展相结合，并从政策法规上逐渐加以落实。环境保护统筹观念逐渐稳固，但环保工作仍围绕经济发展而开展，从属的观念没有改变。

(四) 发展中保护，保护中发展

2011年12月20日，国务院副总理李克强出席第七次全国环境保护大会的讲话中第一次提出，“坚持在发展中保护、在保护中发展”的环境保护新观念。围绕这一观念，又提出“做好环境保护工作，必须坚持把环境保护放在经济社会发展大局中统筹考虑，正确处理环境保护与经济发展的关系”，“必须坚持从再生产全过程制定环境经济政策，统筹推进消费、投资、出口等方面的环保工作”的要求。

随后，环保部提出了环保新道路的概念，并以“代价小、效益好、排放低、可持续”来阐释“保护中发展、发展中保护”。“代价小”就是要坚持环境保护与经济发展相协调，以尽可能小的资源环境代价支撑更大规模的经济活动。“效益好”就是要坚持环境保护与经济建设和社会建设相统筹，寻求最佳的环境效益、经济效益和社会效益。“排放低”就是坚持污染预防与环境治理相结合，将污染物排放量控制在最低水平，把经济社会活动对环境的损害降低到最小程度。“可持续”就是要坚持环境保护与长远发展相融合，通过建设资源节约型、环境友好型社会，推动经济社会可持续发展。[①]“保护中发展、发展中保护”就是大力推进环境保护与经济发展的协调融合，将环境保护与经济发展列为同等重要的地位，通过两者既相互制约又相互促进的关系，发挥环境保护推动经济保持平稳较快发展的先导、扩容、增效和倒逼作用，以环境容量优化区域布局，以环境管理优化产业结构，以环境成本优化增长方式，推动创新转型和绿色发展。[②]

“发展中保护、保护中发展”的提出，是国家层面第一次将环境保护提到与经济建设同等重要的位置，是国家在处理环境与经济发展观念的一次历史性和战略性的突破，是在舍弃短期利益、谋求长远发展的前瞻性选择。

（五）环境保护要“保护”优先

近几年，中国的环境恶化已远远超过环境的承载力，并且由于环境恶化导致的资源枯竭、水土流失、对民众身体健康的危害正对社会可持续产生巨大的反作用力，迫使国家进一步思考环境与经济

① 《认真贯彻落实第七次环保大会精神以优异成绩迎接党的十八大胜利召开——周生贤部长在2012年全国环境保护工作会议上的讲话》，http：//www. zhb. gov. cn/gkml/hbb/qt/201112/t20111226_ 221778. htm，2014年11月3日。

② 《认真贯彻落实第七次环保大会精神以优异成绩迎接党的十八大胜利召开——周生贤部长在2012年全国环境保护工作会议上的讲话》，http：//www. zhb. gov. cn/gkml/hbb/qt/201112/t20111226_ 221778. htm，2014年11月3日。

发展的优先关系，是对决策者的魄力和胸怀的又一次考验。

2013 年底，中共十八届三中全会通过了《中共中央关于全面深化改革若干重大问题的决定》（以下简称《决定》），提出经济、政治、文化、社会以及生态文明建设等领域“五位一体”的体制改革。超越以往仅以经济改革为主题的惯例。生态文明建设作为“五位一体”总布局中的重要一环，成为重要的改革议题之一。“全面改革”“发展”“生态文明”等关键词在《决定》中多次提及，“加快生态文明制度建设”作为一项重要内容被提出。《决定》站在中国特色社会主义事业“五位一体”总布局的战略高度，把加快生态文明制度建设作为当前亟待解决的重大问题和全面深化改革的主要任务。

2014 年，历时三年修订并通过全国人大表决的《环境保护法》出台，再一次升级环境保护的重要性，将“推进生态文明建设、促进经济社会可持续发展”列入立法目的，将保护环境确立为国家的基本国策，是 1983 年第二次全国环境保护会议提出“把环境保护确立为基本国策”的 30 年后，正式在法律上确立了环境保护的地位。此外，《环境保护法》还将“保护优先”列为环保工作要坚持的第一基本原则。同时明确提出要促进人与自然和谐，突出强调经济社会发展要与环境保护相协调，与过去所强调的“环境保护与经济发展相协调”形成鲜明对比。一个顺序的改变意味着理念的重大调整和提升，也表现着生态环境保护在国家议事日程上的重要性。

二、中国环境政策的演变

新中国成立至今，中国环境政策的发展可分为四个阶段。

（一）环境保护思想逐步确立，环境政策集中在“三废”治理

在中国环保问题最初被认为是环境卫生的问题，因此环境管理政策最初从提升环境卫生、人体健康的角度提出，并集中在“三废”治理方面。例如，1972 年 3 月，官厅水库鱼污染事件，是由卫生部门直

接汇报处理，并把这个情况向国务院做了报告。中国第一个环境标准也是由卫生部联合国家计委、国家建委批准颁布——《工业“三废”排放试行标准》。直到1972年派代表参加了瑞典斯德哥尔摩人类环境会议，中国政府才开始认真思考自身面临的环境问题，意识到将环境保护作为一个单独的领域开展管理与应对的重要性与必要性。

为了履行中国政府在联合国人类环境会议上的承诺，1973年8月，国务院委托国家计委召开了第一次全国环境保护会议，提出32字方针：全面规划、合理布局、综合利用、化害为利、依靠群众、大家动手、保护环境、造福人民。这32字方针的提出为中国环境政策的制定提供了依据和指导。同时，会议制定了贯彻32字方针的执行文件《关于保护和改善环境的若干规定》。其中确立的自然资源开发利用前进行环境影响分析、建设项目要保证环保的“三同时”措施等制度，至今被保留在我国环境保护立法中。

这段时期国家比较重视“三废”导致的危害，特别强调“三废”治理和综合利用。有关环保的管理政策也围绕“三废”的处理方面。1973年11月13日，国务院以国发（1973）158号文批转国家计委《关于全国环境保护会议情况的报告》和《关于保护和改善环境的若干规定（试行草案)》。国务院要求各级革命委员会必须把保护和改善环境的工作列入重要议事日程，认真抓起来。要做好环境保护规划工作，使工业和农业、城市和乡村、生产和生活、经济发展和环境保护同时并进，协调发展。新建工业、科研等项目，必须把“三废”治理设施与主体工程同时设计、同时施工、同时投产。对现有污染要迅速做出治理规划，分期分批加以解决。各地区、各部门设立环境保护机构，给他们以监督、检查的职权。随后，11月17日国家计委、国家建委、卫生部联合批准颁布了我国第一个环境保护标准《工业“三废”排放试行标准（GBJ4－73)》，该标准自1974年1月1日起试行。

这一时期管理机构的运行也围绕“三废”治理开展，如1974年12月26日，北京市决定将北京市革命委员会“三废”治理办公室自1975年1月1日起改名为北京市革命委员会环境保护办公室。[①] 各地继续着手对一些污染严重的工业企业、城市和江河进行初步治理。如北京市"革委会"1973年9月21日决定将化工五厂、农药二厂、制药三分厂、红旗化肥厂、稀有金属提炼厂和厂桥装订厂的砷化镓车间迁至通县张辛庄工业区。[②] 长河、莲花河、永定河官厅山峡、沩水河四条河系水源保护领导小组分别开会，检查了治理情况，决心加快治理步伐。经过积极治理，到1975年官厅水库水质明显改善。

第一次全国环境保护会议结束后，国务院成立了环境保护领导小组及其办公室，各省、直辖市和自治区以及国务院各有关部门也相应设立了环保机构。但这些机构大多是临时性质的环境保护领导小组办公室。

（二）环保被确立为基本国策，逐步建立环保三大政策和八项制度的政策体系

1978年12月召开的中共十一届三中全会，做出将党和国家工作的重点自1979年转移到社会主义现代化建设上来的重大决策。以此为起点，中国开始逐渐以现代化战略取代重工业优先发展战略。与经济发展和居民生活有着密切联系的环境保护开始受到更多重视。环境政策逐渐构建，并不断充实完善。尤其，国务院主持下的两次全国环境保护会议，对环境保护政策法规的构建、环境保护管理机构的建立都起到了重要的指导作用。

环境保护被确立为基本国策。1983年12月，国务院召开第二次环境保护会议，通过了《国务院关于环境保护工作的决定》，将环境保护确立为中国的基本国策，确立了"经济建设、城乡建设和环境建设同步规划、同步实施、同步发展"，"经济效益、社会效益、环

---

① 中共北京市委党史研究室编：《中国共产党北京历史大事记（1949—1978）》，北京出版社，2001年版，第323页。

② 中共北京市委党史研究室编：《中国共产党北京历史大事记（1949—1978）》，北京出版社，2001年版，第304页。

境效益相统一”的指导方针，实施了“预防为主、防治结合、综合治理”“谁污染、谁治理”和“强化环境管理”三大政策。此外，初步规划出到20世纪末中国环境保护的主要指标、步骤和措施。

制定环境保护八大制度。1989年4月，国务院第三次全国环境保护会议，提出要加强制度建设，深化环境监管，向环境污染宣战，促进经济与政策协调发展，确立了包括环评、“三同时”、征收排污费、限期治理、排污许可证、污染物集中控制、环保目标责任制、城市环境综合整治定量考核制度在内的新的环境保护八大制度。为落实相关精神，1990年国务院颁布《关于进一步加强环境保护工作的决定》，强调全面落实八项环境管理制度，将实行环境保护目标责任制度放在了突出位置。首次提出积极参与解决全球环境问题的国际合作，将环境保护宣传教育与科技发展放到了重要位置。

在政策实施方面，主要是“三同时”、排污收费、限期整改、环境影响评价制度：

1. “三同时”制度。“三同时”制度是指新建、改建、扩建项目和技术改造项目，其防止污染和其他公害的设施，必须与主体工程同时设计、同时施工、同时投产的制度。1972年6月，国务院批转的《国家计委、国家建委关于官厅水库污染情况和解决意见的报告》中，首次提出“三同时”概念。1973年，国务院批转的《关于保护和改善环境的若干规定（试行）草案》中，提出“一切新建、扩建和改建的企业，防治污染的项目，必须与主体工程同时设计、同时施工、同时投产”。这一规定扩大了“三同时”的适用范围。1977年4月，国家计委、国家建委、财政部、国务院环境保护领导小组联合发布《关于治理工业“三废”开展综合利用的几项规定》。其中，对不执行“三同时”做出规定：人为造成环境污染的单位，要追查责任、严肃处理。使得“三同时”制度有了相应的保证实施的措施。1989年12月26日，颁发的《中华人民共和国环境保护法》最终对这一制度给予了确认。“三同时”制度的实施是强化建设项目环境管理的重要手段，同时也利于以预防为主的环保方针得以贯彻实施。

2. 排污收费制度。排污收费制度是中国环境管理中最早提出并普遍实行的管理制度之一。1978 年 12 月 31 日，中共中央在批转《环境保护工作汇报要点》的通知中首次提出了“实行排放污染物的收费制度”的设想。1979 年 9 月 13 日，颁布了《中华人民共和国环境保护法（试行）》。该法的第 18 条明确规定：“超过国家规定的标准排放污染物，要按照排放污染物的数量和浓度，根据规定收取排污费。”这就为建立中国的排污收费制度提供了法律依据。1982 年 2 月 5 日，在总结开展排污收费试点工作基础上，国务院发布了《征收排污费暂行办法》。该办法对实行排污收费的目的、原则、对象、依据及排污费的使用和管理等，做出了明确的规定。该办法的出台标志着中国的排污收费制度正式建立。此后的事实证明，排污收费制度有利于环境保护工作的开展，它在促进老污染源的治理、控制新污染源的产生、提高企业的经济效益、提供环保基金等多个方面都起到了很大的作用。

3. 限期整改制度。限期整改制度是指对造成严重污染的企业、事业单位和在特殊保护区域内超标排污的已有设施，依法在一定期限内完成治理任务的制度。限期整改制度的出台是源于 1973 年我国连续出现了三起严重的污染事件：北京官厅水库的水质恶化、天津蓟运河污染、渤黄海近岸海域污染。1973 年 8 月，国家计委在《关于全国环境保护会议情况的报告》中明确提出：对污染严重的城镇、工矿企业、江河湖泊和海湾，要一个一个地提出具体措施，限期治理好。1979 年 9 月颁布的《中华人民共和国环境保护法（试行）》第 17 条明确规定：“在城镇生活居住区、水源保护区、名胜古迹、风景游览区、温泉、疗养区和自然保护区，不准建立污染环境的企业、事业单位。已建成的要限期整改。”

4. 环境影响评价制度。环境影响评价是指在某地区进行某项活动之前，对这一活动将会对社会环境、自然环境以及对人体健康的影响进行调查和预测，并制定出减轻这些不利影响的对策和措施，从而达到经济发展与环境相协调的目的。而环境影响评价以一定的法律程序为依据展开就是环境影响评价制度。“环境影响评价”这一概念最早产生于1964年加拿大的一次国际环境质量评价会议上。但美国于1969年制定的《国家环境政策法》中首先将环境影响评价作为制度在法律中确立。1974年中国国务院环境保护领导小组对官厅水库、渤黄海、松花江、图们江等做出了环境质量评价。为该制度的建立做了理论、技术上的探索。1979年的《中华人民共和国环境保护法（试行）》指出：在扩建、改建、新建工程的时候，必须提出环境影响报告书，标志着此项制度正式建立。此后《建设项目环境保护管理办法》《海洋环境保护法》《环境噪声污染防治条例》等众多的法律法规都提到环境影响评价制度的应用。

总之，这一时期，中国的环保制度和政策的建设以《环保法》为基础，扩展到水、大气、海洋等重要领域的管理，并建立了以排污收费制度、“三同时”制度、环境影响评价制度为核心的基本环境管理原则，从横向、纵向的角度搭建起环境保护治理的基本框架。但这一时期，环境保护领域仍然以制度机构建设为重点，对行动落实方面难以充分考虑。制定的政策可实施性不足，并且具有明显的“先污染后治理”的特征。

这一阶段，环境管理部门也不断升级。1982年成立城乡建设环境保护部，下设环境保护局，结束了环保管理机构在国家层面的临时性。而在各省，或者将环境保护部门作为一级局保留，或者成立城乡建设环境保护委员会，或者合并环保、环境卫生、园林管理等单位成立环境管理局。1984年5月初，国务院成立环境保护委员会，办公机构设在城乡建设环境保护部环境保护局，1984年底又将环境保护局升格为部委，有关环境保护的工作都由国家环境保护局归口管理。[①] 1988年国务院机构改革中，国家环保局又从部委归口管理

---

① 国家环境保护局编：《中国环境保护事业（1981—1985）》，中国环境科学出版社，1988年版，第265—266页。

的部门中独立，升格为副部级的国务院直属局。

（三）环境与发展相协调受到重视，经济与法律手段逐步纳入环境政策体系

20世纪90年代后，我国经济高速发展，但同时粗放的经济发展模式对环境造成极大破坏，国内环境问题集中爆发。工业污染和生态破坏总体呈加剧趋势，城市生活型污染开始凸显，复合型、压缩性污染特征显现。尤其，1998年长江特大洪灾使全国上下更加意识到旧的生产方式已经对周围的环境和自身的生存产生了巨大影响和威胁。随后国务院明确提出全面停止长江、黄河上中游天然林采伐和有计划的退耕还湖、还林、还草的要求，并把生态恢复和建设列为西部大开发的首要目标，制定了"退耕还林（草）、封山绿化、以粮代赈、个体承包"的政策，启动了自然生态大规模恢复和建设的行动。

1992年里约环发大会召开，第一次在全球正式提出"环境问题与经济、社会发展结合起来考虑"，树立了环境与发展相协调的观点，对中国逐步向可持续发展转变起到了重要推动作用。1992年，中国提出了"环境与发展的十大对策"：实施持续发展战略，采取有效措施、防治工业污染，深入开展城市环境综合整治、认真治理城市"四害"，提高能源利用效率、改善能源结构，推广生态农业、坚持不懈地植树造林、切实加强生物多样性保护，大力推进科技进步、加强环境科学研究、积极发展环保产业，运用经济手段保护环境，加强环境教育、不断提高全民族的环境意识，健全环境法制、强化环境管理，参照环发大会精神制定中国的行动计划。此后，"十大对策"成为协调经济发展和环境保护的行动纲领。

1994年，中国颁布了《中国21世纪议程——中国21世纪人口、环境与发展白皮书》。从人口、环境与发展的具体国情出发，提出了中国实施可持续发展的总体战略、对策以及行动方案。在此基础上，国家环保局制定了《中国环境保护21世纪议程》。1996年7月，第四次全国环境保护会议，提出保护环境是实施可持续发展战略的关

键，保护环境就是保护生产力，并提出必须把贯彻实施可持续发展战略始终作为一件大事来抓。同年，国家环保局、国家计委、国家经贸委联合印发了《国家环境保护“九五”计划和2010年远景目标》，成为中国首次专门针对环境保护制定的中长期规划，环境保护工作有了专门的财政投入。在环境保护专门规划和专项财政的支持下，中国的环境保护政策得以真正的推动落实，并体现在经济和法律政策手段的出台和环境管理的经济手段的加强。

《中国21世纪议程——中国21世纪人口、环境与发展白皮书》明确提出，在建立社会主义市场经济体制中，充分运用经济手段，促进保护资源和环境，实现资源可持续利用。同年，全国环境保护工作会议通过的《全国环境保护工作纲要（1993—1998）》要求运用经济手段，拓宽环境保护资金渠道。1998年9月，国家环保总局印发的《全国环境保护工作（1998—2002）纲要》提出1998—2002年全国环境保护工作的首要目标是：建立和完善适应社会主义市场经济体制的环境政策、法律、标准和管理制度体系，进一步推进了环保经济手段的制定和运用。为推行和完善环保经济手段，中国政府做出了以下努力：开展大气排污交易政策试点工作；从1993年开始在全国21个省、市、自治区继续试点建立环保投资公司开展招标试点，将竞争机制引入环境影响评价市场；全面推行排污许可证制度；开征二氧化硫排污费；提高排污收费标准；推行环境标志制度等等。推动环境政策进一步落实的微观政策不断出台：环境标志制度、排污收费制度、排放水污染物许可证制度、排污交易制度、环境影响评价制度、关停污染企业制度等。①

环保法律手段日益受到重视，不断出台完善环境立法的政策规定。1994年，《全国环境保护工作纲要（1993—1998）》要求加快环境保护立法步伐，加大环境保护执法力度，建立与社会主义市场经

① 张连辉、赵凌云：《1953—2003年间中国环境保护政策的历史演变》，《中国经济史研究》，2007年第4期，第61—72页。

济体制相适应的环境法体系。1998 年 9 月，国家环保总局印发的《全国环境保护工作（1998—2002）纲要》，则将建立和完善适应社会主义市场经济体制的环境法律体系作为 1998—2002 年全国环境保护工作的首要目标之一，并修改和颁布了一系列法规。[①] 1997 年《刑法》修订中，增设了“破坏环境资源保护罪”的规定，对一些污染环境、破坏环境的行为做了刑事处罚的规定。

由于政策着力点务实，国家的环保工作逐步由单纯的工业污染治理扩展到生活污染治理、生态保护、农村环境保护、核安全监管、突发环境事件应急等各个重要领域，并开始参与国民经济发展的综合决策过程。具体治理中，由点源向区域流域综合治理转变，并且开始关注污染源头治理。但由于治理方式主要依赖行政手段，环境与经济矛盾难以兼顾的时候，环境保护往往被牺牲，导致环境管理效果很不理想。环境政策仍然以先污染后治理为主要特征。

在管理机构的建设方面，出于对环境管理的不断重视，并为配合环境政策的落实，1993 年 3 月八届全国人大一次会议通过了增设全国人大环境保护委员会的决定。自此，中国的环保立法、执法工作有了全面统筹和协调的平台。1998 年国家环保局升格为国家环保总局，作为国务院直属机构，国务院环境保护委员会撤销，组织协调的职能由国家环保总局承担。同年，国家核安全局并入国家环境保护总局。

（四）进一步理顺环境与经济发展的关系，关注源头治理、推动循环经济

2002 年，党的十六大明确提出经济建设要“走出一条科技含量高、经济效益好、资源消耗低、环境污染少、人力资源优势得到充分发挥的新型工业化路子”。2002 年 1 月，第五次全国环境保护会

---

① 张连辉、赵凌云：《1953—2003 年间中国环境保护政策的历史演变》，《中国经济史研究》，2007 年第 4 期，第 61—72 页。

议，提出环境保护是政府的一项重要职能，要按照社会主义市场经济的要求，动员全社会的力量做好这项工作。朱镕基总理在会上强调“加快经济建设不能以破坏环境为代价，绝不能把环境保护同经济发展对立起来或割裂开来，绝不能走先污染后治理的老路”。本次会议的意义在于提出了必须把环境保护放在更加突出的位置。2002年8月，为纪念人类环境会议30周年、里约环发大会10周年，联合国在南非约翰内斯堡举行了可持续发展世界首脑会议，进一步提出践行“里约会议所倡导的全球伙伴关系和可持续发展战略”。[①] 随后中国制定了《中国21世纪初可持续发展行动纲要》，不但将环境保护纳入国家整体发展的角度考虑，还将就相关规划的落实进行了具体化。

2003年10月，中国共产党十六届三中全会提出了“科学发展观”，其内涵为“坚持以人为本，树立全面、协调、可持续的发展观，促进经济社会和人的全面发展”，坚持“统筹城乡发展、统筹区域发展、统筹经济社会发展、统筹人与自然和谐发展、统筹国内发展和对外开放的要求”。2005年以后，我国环境污染事件不断出现，并且影响日益恶劣。与社会经济发展的重大进步相反，环保指标远不能完成，环境与发展的矛盾日益尖锐。2006年，十届全国人大通过了《国民经济和社会发展第十一个五年规划》，将环保工作单独列为一项，使国家未来五年的环保工作更加细化和具体，规划的指导性更加明确。此次规划还首次提出主体功能区域的划分和区域互动机制的构建。

2006年，第六次全国环境保护会议，认真贯彻党的十六届五中全会和十届全国人大四次会议精神，落实国务院关于加强环境保护的决定，总结“十五”期间的环保工作，部署此后五年的环保任务，进一步开创我国环境保护工作的新局面，提出必须把环境保护摆在

① 王之佳编著：《对话与合作：全球环境问题和中国环境外交》，中国环境科学出版社，2003年版，第304—364页。

更加重要的战略位置。从国家战略层面提出调整经济发展与环保的关系，把环保理念和要求渗透到经济社会发展中，把环保放到生产、流通、分配和消费的生产全过程中，关注源头治理、全面防控环境污染和资源环境损耗，政策重点由资源有效利用向经济社会资源环境的可持续发展转变。

与此同时，国家也更注视运用经济手段加强全过程控制。2007年7月出台了《管理与落实环境保护政策法规防范信贷风险的意见》，对不符合产业政策和环境违法的企业和项目进行信贷控制。同年12月出台了《关于环境污染责任保险工作的指导意见》等。[①] 为了推动全过程治理，继2002年全国人大通过的《清洁生产促进法》和《国家重点行业清洁生产技术导向目标》等促进循环经济法规政策的出台和探索性落实，2008年国家颁布了《中华人民共和国循环经济促进法》，确立了循环经济发展的基本制度和政策框架，确定了循环经济的规划、污染物排放总量控制、循环经济评价和考核等制度，强化了通过经济措施促进循环经济的法制环境。2010年4月，发改委、人民银行、银监会、证监会联合发布的《关于支持循环经济发展的投融资政策措施意见的通知》中明确指出：政府要综合运用规划、投资、产业、价格、财税、金融等政策措施，建立一个良性的、面向市场的、有利于循环经济发展的投融资政策支持体系和环境。

这段时期，中国经济的快速发展也使环境问题集中快速爆发，突发环境事件不断出现，环境治理任务不断加重，环保部门对之应接不暇。突发事件倒逼式的环境管理，促使管理者从根源思考环境污染防治问题，体现在环境政策方面兼具了先污染后治理和边污染边治理的特征。

随着环境保护的战略高度、环境政策落实的力度不断提升，环

---

① 中国环境宏观战略研究项目办公室编：《中国环境宏观战略研究摘要》，中国环境出版社，2013年版，第32页。

境管理部门的权限需要进一步提升。2008 年国家环保总局被环境保护部取代，从国务院直属机构演变为国务院的组成部门，从而使环保部门在国家有关规划、政策、执法、解决重大环境问题上的综合协调等方面的能力得到加强。

（五）兼顾全球视野构建生态环境治理的政策体系

十八届三中全会以来，中国的环境保护事业在决策机构的支持下，从“五位一体”到“保护优先”，受到越来越高的关注，在国家经济政治生活中的重要性被提到前所未有的高度。这对生态环境保护事业来说是全新的要求。加之国家面对的愈加严重的环境恶化问题，也需要重新思考和选择环境治理之路。新时期生态环境保护工作的开展，就是生态文明建设的探索和实践，从国家治理的角度就是生态环境治理现代化的探索和实践。

鉴于生态环境治理对中国经济绿色转型，实现可持续发展的至关重要性，中国政府高度重视并在短时间内提出了关键性指导方案。2015 年 7 月，中央政治局审议通过《生态文明体制改革总体方案》[①]。方案提出，到 2020 年构建起由自然资源资产产权制度、国土空间开发保护制度、空间规划体系、资源总量管理和全面节约制度、资源有偿使用和生态补偿制度、环境治理体系、环境治理和生态保护市场体系、生态文明绩效评价考核和责任追究制度等八项制度构成的产权清晰、多元参与、激励约束并重、系统完整的生态文明制度体系，推进生态文明领域国家治理体系和治理能力现代化，努力走向社会主义生态文明新时代。方案将中国绿色转型与生态文明体制建设紧密相联，将生态环境治理作为经济转型腾飞的保障和基础。方案中提出的生态文明体制改革的“八大制度”建设是生态环境治理的核心，成为构建环境治理现代化的“四梁八柱”。

---

① 《中共中央国务院印发〈生态文明体制改革总体方案〉》，政府网，http：//www. gov. cn/guowuyuan/2015—09/21/content_ 2936327. htm，2016 年 2 月 1 日。

1. “健全自然资源资产产权制度”，为自然资源确立了清晰的归属。通过自然资源产权制度的建立，将相关的保护责任落实到位，为从源头上避免生态环境破坏打下基础。通过构建归属清晰、权责明确、监管有效的自然资源资产产权制度，可以着力解决自然资源所有者不到位、所有权边界模糊等问题。它的顺利落实，将为市场经济合理有效运行相关的深化改革打下坚实的基础，并为各项市场功能的完善和补充提供了基本保障。

2. “国土空间开发保护制度”，通过划定主体功能区和生态红线，构建以空间规划为基础、以用途管制为主要手段的国土空间开发保护制度。区分不同自然条件的地区，建立空间治理体系，着力解决因无序开发、过度开发、分散开发导致的优质耕地和生态空间占用过多、生态破坏、环境污染等问题，为自然系统的生态服务功能预留空间，保障社会发展的可持续性。

3. “空间规划体系”建设，目的是构建以空间治理和空间结构优化为主要内容，全国统一、相互衔接、分级管理的空间规划体系，着力解决空间性规划重叠冲突、部门职责交叉重复、地方规划朝令夕改等问题。通过“多规合一”“一张蓝图干到底”的工作方式，杜绝“政出多门”的规划顽疾。

4. “资源总量管理和节约制度”，通过构建覆盖全面、科学规范、管理严格的资源总量管理和全面节约制度，着力解决资源使用浪费严重、利用效率不高等问题，并将土地、水、能源、森林、草原、湿地、沙地、海洋、矿产等资源的利用效率提升放在发展的首位，明确提出要增加资源循环利用的鼓励政策，为经济集约、高效发展提供制度保障。

5. “资源有偿使用和生态补偿制度”，通过构建反映市场供求和资源稀缺程度、体现自然价值和代际补偿的资源有偿使用和生态补偿制度，着力解决自然资源及其产品价格偏低、生产开发成本低于社会成本、保护生态得不到合理回报等问题，真正建立起生态补偿机制，切实推动资源市场的建立。

6.“环境治理体系”建设，通过构建以改善环境质量为导向，监管统一、执法严明、多方参与的环境治理体系，着力解决污染防治能力弱、监管职能交叉、权责不一致、违法成本过低等问题。构建包含理论体系、法律制度、监管制度等核心要素的环境治理体系，从思想观念、制度规范、监督管理的角度完善环境治理现代化体系。

7.“环境治理和生态保护的市场机制”，通过构建更多运用经济杠杆进行环境治理和生态保护的市场体系，着力解决市场主体和市场体系发育滞后、社会参与度不高等问题。明确节能量交易、碳排放权交易、排污权交易、水权交易等市场工具的重要作用，为绿色金融和绿色产品体系的规范，为环境治理和生态保护市场建设提供了资金机制保障。

8.“生态文明绩效考核和追责机制”，通过构建充分反映资源消耗、环境损害和生态效益的生态文明绩效评价考核和责任追究制度，着力解决发展绩效评价不全面、责任落实不到位、损害责任追究缺失等问题。将“党政同责”“终身追责”等管理办法进一步明确，并将生态文明绩效考核正式计入政绩考核，为生态文明建设加上了保护锁。

八项制度的提出，将生态文明建设和生态环境治理融入到经济建设、政治建设、文化建设、社会建设各方面和全过程，不仅成为生态环境治理和生态文明建设的“四梁八柱”，也成为决定经济持续健康发展、政治和社会建设的关键，为新常态下中国的环境治理构建了关键的政策框架体系。

在关注国内环境治理的同时，中国积极利用国际平台，通过主动合作与承担责任，提升国内治理步伐和国际产业竞争力。2015 年 3 月 24 日，中央政治局通过《关于加快推进生态文明建设的意见》，强调必须从全球视野加快推进生态文明建设，把绿色发展转化为新的综合国力和国际竞争新优势，并强调要把生态文明建设作为一项重要政治任务，努力开创社会主义生态文明新时代，为推动世界绿色发展、维护全球生态安全做出积极贡献。2015 年底国务院印发的

《生态文明体制改革总体方案》明确提出，将国际合作作为基本原则之一，要深化国际交流和务实合作，充分借鉴国际上的先进技术和体制机制建设有益经验，积极参与全球环境治理，承担并履行好同发展中大国相适应的国际责任。这些提法反映了中央统筹国际、国内两个大局应对环境问题的思想，也为未来环境政策体系构建的国际化特征做了明确定位。

经过近 40 年的发展，中国环境政策演变的总体趋势是：从末端治理到清洁生产，发展循环经济；从污染控制到生态保护；从点源治理到流域与区域环境管理；从以行政命令为主导的环境管理到利用技术、经济、法律、教育等多种手段的环境管理，全方位建设资源节约型和环境友好型社会；从强调国家在环境管理中的作用到强调政府、企业、公民在环境保护过程中的综合作用。

三、中国环境立法的演变

从意识到环境保护是个问题开始，中国有关环境保护的法律体系准备和建设经历了近 40 年的时间。

（一）法律准备（1972—1978 年）

中国对环境保护的管理缘起于国内出现的水域污染事件（官厅水库农药污染、大连湾污染事件、松花江水系污染事件），觉醒于 1972 年联合国人类环境会议。正是由于参加联合国人类环境会议，中国政府才意识到自身的环境问题，以及进行环境保护的必要。1973 年，第一次全国环境保护会议确立了中国环保的 32 字方针：全面规划、合理布局、综合利用、化害为利、依靠群众、大家动手、保护环境、造福人民。围绕这一方针，还制定了名为《关于保护和改善环境的若干规定》的执行文件。[①] 其中确立的自然资源开发利用

① 汪劲主编：《环保法治三十年：我们成功了吗（1979—2010）》，北京大学出版社，2011 年版，第 3 页。

环境影响综合分析、建设项目环保"三同时"等措施后来被环保立法长期采纳。这一时期，国务院有关部门制定了一些规范性文件和环保标准。例如，1973 年制定的《关于停止珍稀野生动物的收购和出口的通知》《工业"三废"排放试行标准》，1976 年的《生活引用水卫生标准》，1977 年的《关于治理工业"三废"开展综合利用的几项规定》等。①

此外，根据环保工作的实际需求，1978 年 3 月，第五届全国人大二次会议对《宪法》进行修改，并在第 11 条首次对环保做出规定："国家保护环境和自然资源，防治污染和其他公害"，为政府开展环境管理和立法奠定了宪法基础。

（二）法律体系创建（1979—1991 年）

1979 年，五届人大十一次常委会通过新中国第一部环境保护法《中华人民共和国环境保护法（试行）》（简称《环保法（试行）》）。确立了"将环境保护纳入计划统筹安排""预防为主、防治结合、综合治理""谁污染、谁治理"等基本原则，确定了"环境影响评价"、"三同时"和排污收费等基本环境法律制度。《环保法（试行）》的颁布实施，标志中国环保进入了制度化轨道。

1981 年 2 月，国务院《关于在国民经济调整时期加强环境保护工作的决定》要求各级政府在国民经济调整时期认真贯彻执行《环保法（试行）》。1982 年 12 月，五届全国人大五次会议通过新修改的《宪法》，其中 26 条规定："国家保护和改善生活环境和生态环境，防治污染和其他公害。"此外，《宪法》第 9 条、第 10 条、第 22 条，也对自然资源合理开发、利用和保护做出了规定。

专项法方面，全国人大在环境污染防治、自然资源保护领域通

---

① 汪劲主编：《环保法治三十年：我们成功了吗（1979—2010）》，北京大学出版社，2011 年版，第 4 页。

过了《海洋环境保护法》《水污染防治法》《大气污染防治法》《森林法》《草原法》《渔业法》等。在法规和规章方面，国务院和环保部门制定了《征收排污费暂行办法》《森林法实施细则》等20多部环保法规和规章。

此外，在环保监督方面，与环境污染相关的经济主管部门（石油工业部、化学工业部、冶金工业部等）依据《环保法（试行）》制定了大量环保规章和行业排放标准。在原有《工业“三废”排放试行标准》和《放射防护规定》的基础上颁布了大气、地表水、噪声、海水、农田等多项环境质量标准、排放标准等。[①]

与此同时，为了适应新的环境管理需求，1989年12月，七届全国人大常委会十一次会议通过了新的《环境保护法》。这一阶段，中国的环境法体系从基本法到专项法、实施标准、细则都得到初步构建，正在形成中国特色的环保法体系。

（三）法律体系不断完善（1992—2001年）

1991年，中国进入发展的第八个五年计划，确立了建设社会主义市场经济体制的目标和基本框架，国民经济潜力迅速释放，经济得到快速发展，但同时环境问题快速出现。1992年，联合国环境与发展大会在全球提出的“可持续发展”理念，正契合了中国解决发展困境的需求。1996年进入“九五”计划，政府提出贯彻实施“可持续发展”战略，强调了经济发展与环境保护相协调，提出“加强工业污染控制，逐步从末端治理为主转到生产全过程控制”。

1992年，党的十四大将“加强环境保护”列为我国20世纪90年代改革和建设的十大任务之一。此阶段各部门法律体系不断完善，间接促进了管理处于条块化状态的环境保护法治建设。由于前期环保法律体系初步建立，随着经济社会环境的发展，不但需要补充完

① 汪劲主编：《环保法治三十年：我们成功了吗（1979—2010）》，北京大学出版社，2011年版，第10页。

善缺失的法律，还需要对不适应当时环境的法律法规进行修改。

自然资源保护方面，1991 年全国人大常委会颁布了《水土保持法》，1993 年国务院颁布《水土保持法实施条例》。污染控制方面，全国人大常委会 1995 年颁布了《固体废物污染环境防治法》（标志中国污染防治法律体系建立），修改了《大气污染防治法》（由于部门利益冲突，没有实质的修订进展，重要的修订意见基本未被采纳）。行政法规方面，在加强城市环境治理、海岸防护和海洋管理、自然保护区规划和建设方面都制定了相关条例和规定等。

1999 年，“依法治国”基本方略写入新通过的《宪法修正案》后，环保立法、行政法规也得到了进一步推动。尤其，全国人大常委会主持修改了矿产资源、森林、水污染防治等一系列相关法律。

在此期间，1993 年第八届全国人大一次会议通过了增设全国人大环境保护委员会的决定，意味着环保立法、执法由国家立法机关全面统筹。中国还积极加入到包括《京都议定书》等在内的国际环境法条约中，通过参与国际法律活动推动国内相关工作。

（四）综合性法规进一步发展（2002—2011 年）

2003 年 10 月，中国共产党十六届三中全会提出了“科学发展观”，其内涵为“坚持以人为本，树立全面、协调、可持续的发展观，促进经济社会和人的全面发展”，坚持“统筹城乡发展、统筹区域发展、统筹经济社会发展、统筹人与自然和谐发展、统筹国内发展和对外开放的要求”。

2005 年以后，我国环境污染事件不断出现，并且影响日益恶劣。与社会经济发展的重大进步相反，环保指标远不能完成，环境与发展的矛盾日益尖锐。国家于 2006 年提出环保历史性转变，从国家战略层面提出调整及经济发展与环保的关系，把环保理念和要求渗透到经济社会发展中，把环保放到生产、流通、分配和消费的生产全过程中，全面防控环境污染和资源环境损耗，为后来综合性法规的制定和出台打下了基础。2006 年，十届全国人大通过了《国民经济和社会发展第十一个五年规划》，将环保工作单独列为一篇，使国家这五年的环保工作更加细化和具体，规划的指导性更加明确。此次规划还首次提出主体功能区域的划分和区域互动机制的构建。此后，我国颁布制定了《环境影响评价法》《排污费征收使用管理条例》《循环经济促进法》《可再生能源法》《清洁生产促进法》等综合性环保法律。

2006年，国家环保总局印发《“十一五”全国环境保护法规建设规划》，指出我国环境立法依然存在空白和配套立法进展缓慢的问题，提出逐步建立促进资源节约型、环境友好型社会和保障可持续发展的环保法律体系、修改《环境保护法》等内容。

（五）环境管理法向生态环境治理法律体系过渡（2013年—）

2013年，第十八届三中全会提出“国家治理体系和治理能力现代化”的改革目标，要求开展“多主体、多渠道、综合”的治理，实现党的领导、人民当家作主、依法治国的有机统一，提出“全面推进社会主义经济建设、政治建设、文化建设、社会建设、生态文明建设”，将生态文明建设作为“五位一体”建设宏伟蓝图的重要板块。关于实现生态文明建设，三中全会提出：“建设生态文明，必须建立系统完整的生态文明制度体制，用制度保护生态环境。要健全自然资源资产产权制度和用途管制制度，划定生态保护红线，实行资源有偿使用制度和生态补偿制度，改革生态环境保护管理体制。”[①]

针对生态文明的制度保障，十八届四中全会《中共中央关于全面推进依法治国重大问题的决定》提出：“用严格的法律制度保护生态环境，加快建立有效约束开发行为和促进绿色发展、循环发展、低碳发展的生态文明法律制度，强化生产者环境保护的法律责任，大幅度提高违法成本。建立健全自然资源产权法律制度，完善国土

---

① 环境保护部网站，http://www.zhb.gov.cn/zhxx/hjyw/201407/t20140722_280335.htm，2015年3月8日。

空间开发保护方面的法律制度，制定完善生态补偿和土壤、水、大气污染防治及海洋生态环境保护等法律法规，促进生态文明建设。”

2014 年，新修订的《环境保护法》紧紧围绕生态文明的目标，在立法目标、环保基本原则等方面进行了修订和补充，体现了生态环境系统整体性的法律特征。新《环境保护法》将原第 1 条规定“维保护和改善生活环境与生态环境，防治污染和其他公害，保障人体健康，促进社会主义现代化建设的发展，制定本法”，修改为“为保护和改善环境，防治污染和其他公害，保障公众健康，推进生态文明建设，促进经济可持续发展，制定本法”。首次将生态文明纳入法律，作为立法目标，为新《环境保护法》的生态化奠定了基础。

在基本原则方面，确立了“环境保护坚持保护优先、预防为主、综合治理、公众参与、损害担责的原则”。其中，保护优先原则，首次将环境保护过去的“协调和辅助”的作用，改为了“优先”，把环境保护放在比经济社会发展更加优先的地位，意味着生态文明建设中的生态环境得到了最大的重视和权益保障。首次将“损害担责”确定为一项基本原则，兼顾了环境污染和生态破坏责任。突破以往将环境保护限定在环境污染的范围，并延伸到自然资源的领域，是从法律管辖的角度与生态文明定义下的“生态环境”的对接。

在制度完善方面，提出建立健全一系列新的环境管理制度：建立健全资源环境承载能力监测预警制度，环境与健康监测、调查与风险评估制度，划定生态保护红线制度，生态保护补偿制度，环保目标责任制和考核评价制度，污染物排放总量控制制度，排污许可管理制度，环境监察制度，信息公开和公众参与制度等。在制度创新方面，明确了政府对环境质量负责、很大程度上解决了违法成本低的问题，为提出破解资源低价、环境廉价政策提供了法律依据，进一步完善了环保社会治理体系，提出依靠技术创新解决环境问题。

另外，新的《环境保护法》还以专章的形式规定了公民社会的参与，明确界定了公民和社会组织的参与权，专章规定信息公开和公众参与。其第 53 条规定公民依法享有获取环境信息、参与和监督环境保护的权利；第57条规定了公众和社会组织如何参与环境保护监督；第58条规定了环境公益诉讼。新修订后的《环境保护法》改变了以往主要依靠政府和部门单打独斗的传统方式，体现了多元共治、社会参与的现代环境治理理念。

总体来看，新修订的《环境保护法》规定了生态环境保护的基本原则、基本制度，并在完善监管制度、健全政府责任、提高违法成本、推动公众参与等方面实现了诸多突破，为进一步保护和改善环境、推进生态文明建设提供了有力的法制保障。[①]

四、中国环境治理能力的进展

国家治理能力则是运用国家制度管理社会各方面事务的能力，包括改革发展稳定、内政外交国防、治党、治国、治军等各个方面的能力。生态环境保护是国家治理体系和治理能力现代化的重要组成部分。[②] 中国环境治理能力就是指国家职能部门运用环境保护制度治理生态环境，实现生态文明建设和可持续发展目标的履职能力。环境治理能力包括环境监督预警、公正执法、信息透明、决策民主科学等方面的内容。提升环境治理能力，需要构建先进的环境监测预警体系、完备的环境执法监督体系、高效的环境信息化支撑体系，加大人才队伍建设力度，提升环保队伍思想政治素质、科学文化素质和工作本领，提高环保部门科学决策、民主决策、依法决策水平。[③] 但环境治理体系的完善是治理能力有效开展的前提，因此对治理能力的评估也要兼顾治理体系状况的了解。

---

① 《主动适应新常态构建生态文明建设和环境保护的四梁八柱——在中国环境与发展国际合作委员会二〇一四年年会上的讲话》，环境保护部网站，http：//www.mep. gov. cn/gkml/hbb/qt/201412/t20141203_ 292412. htm，2015年3月3日。

② 《全面推进国家生态环境治理体系和治理能力现代化》，《中国环境报》，2014年7月22日。

③ 《主动适应新常态构建生态文明建设和环境保护的四梁八柱——环境保护部周生贤部长在中国环境与发展国际合作委员会二〇一四年年会上的讲话》，环境保护部网站，2014年12月3日。

（一）治理体系完善方面的进展

1. 不断完善法规制度，拓展治理范围、治理主体

2014 年新修订的《环境保护法》，在环境治理目标、原则、主体、基本制度方面对原有的《环境保护法》进行了补充完善，为建立完善的治理机制、保障多元主体的有效参与提供了充分的法律保障。为促进法律的落实，环境保护部进一步发布了《环境保护主管部门实施按日连续处罚办法》《环境保护主管部门实施查封、扣押办法》《环境保护主管部门实施限制生产、停产整治办法》《企业事业单位环境信息公开办法》《环境保护公众参与办法》《突发环境事件应急管理办法》《环境保护部约谈暂行办法》等部门规章。针对现实存在的突出的大气污染等问题，全国人大常委会于 2014 年 8 月修订了《大气污染防治法》，为治理区域性雾霾和应对重污染天气提供了法制基础。在地方层面，各地积极响应新《环境保护法》的要求，制定或者修改了一些地方法规。

污染防治的立法涵盖面日益拓展，包括了大气、水、海洋、噪声、放射性、固体废物等污染的防治法律、法规，同时还有针对化学品安全、农药使用、电磁辐射等控制和管理的行政法规和部门规章以及相关的环境标准。《水污染防治法》《土壤污染防治法》《核安全法》列入全国人大五年规划。资源保护的立法得到全面发展，并越来越侧重于资源可持续利用、资源保护的内容。目前，我国已制定有森林、草原、渔业、矿产、土地、海域、水、煤炭等自然资源开发利用的法律、法规。生态保护的立法正趋于健全，主要内容涉及到地域环境保护（如自然保护区、风景名胜区、国家森林公园、河流湖泊、自然文化遗迹以及景观舒适度保护等）和野生生物保护。[1] 基本法律制度不断得到加强。例如，《环境影响评价法》《建

① 王灿发：《论生态文明建设法律保障体系的构建》，《中国法学》，2014 年第 3 期，第 39 页。

设项目环境保护管理条例》《清洁生产促进法》《可再生能源法》《循环经济促进法》《中国人民解放军环境保护条例》《中国人民解放军环境影响评价条例》，等等。其他领域相关法律中也将环境保护专门设为一项内容。例如，《农业法》专设一章为“农业资源与农业环境保护”，《中华人民共和国侵权责任法》专设一章“环境污染侵权责任”等。

2014 年新修订的《环境保护法》，规定了公民社会的参与、明确界定了公民和社会组织的参与权，并通过规定环境公益诉讼的规定，给社会组织的权益申诉开辟通道。修订后的《环境保护法》改变了以往主要依靠政府和部门单打独斗的治理方式，在法律上为公民及社会组织参加的多元共治提供了保障。作为对新《环境保护法》的落实，2015 年 7 月环保部发布（第 35 号部令）《环境保护公众参与办法》，对公众的环境保护知情权、参与权、监督权和表达权做了保障，引导公众依法、有序、理性参与环保事务。

2. 不断完善管理机制

环境保护部门内部的管理机构不断完善、人员不断得到补充、管理制度不断完善，形成了以政府行政管理为核心的机制特征。污染防治的行政监督管理权相对集中于环境保护部和各级地方政府的环境保护行政机关，基本形成了“统一管理，分工负责”的体制。自然和资源保护职能则分散在环保、资源、农业、林业、水利、国土等部门。相对政府的作用而言，司法机关和社会团体、公民个人在实施环境保护政策方面力量较弱，但逐渐得到关注。

同时，跨领域、跨区域的沟通协调逐渐得到法律的保障。例如，1997 年，《中华人民共和国刑法》专列一节规定了“破坏环境资源保护罪”，并在其他章节规定了环境监管失职罪。2007 年 3 月，颁布的《中华人民共和国物权法》将空间权、资源利用权规定为物权类型，将其纳入物权法的调整范围，特别明确规定“不动产权利人不得违反国家规定弃置固体废物，排放大气污染物、水污染物、噪声、光、电磁波辐射等有害物质”。[①] 跨区域的环境管理机构和协调机构基本形成。由于流域水污染、酸雨污染、海洋环境污染、生物多样性等环境问题不受行政辖区限制，具有跨界污染的特点，设置相应的跨区机构或流域环境管理机构，有利于区域环境的协调和解决。[②] 2014 年，全国开始在 100 多个市县开始实行环境保护的多规合一，即经济社会发展总体规划与环境保护规划、国土资源规划、城市建设规划合一。这对促进环境与发展的综合决策较为有利。

（二）环境治理能力有所提高

1. 规划协调能力

随着国家对环保的重视度提高，对环境治理的规划也越来越务实并注重落实。中国政府于 2016 年 3 月 17 日颁发的《中华人民共和国国民经济和社会发展第十三个五年规划纲要》，首次明确提出“生态环境质量总体改善”的核心目标，设置了“经济发展”“创新驱动”“民生福祉”“资源环境”等四大主要指标。其中“资源环境”指标从“十二五”时期的八项升级为十项，是在四个指标大类中数量最多、要求最为具体的指标。由于这些指标全部为约束性指标，因此也被市场称为史上最严的环保指标考核。与此前相比，“十三五”规划增加了绿色发展指标，从历次五年规划的绿色发展指标占实有指标总数的比重来看，“十一五”规划的比例为 34.8%，“十二五”规划提高至 42.9%，“十三五”规划又进一步提高至 48.5%。指标的提升一方面体现国家的重视，也体现了环境治理与经济发展等规划的协调性在逐渐加强。

2. 监督预警能力

不断完善的法制和机制建设，为政府监督预警能力的提升打下

---

① 王灿发：《论生态文明建设法律保障体系的构建》，《中国法学》，2014 年第 3 期，第 40 页。

② 《环境管理体制：变革与创新》，http：//www. china. com. cn/tech/zhuanti/wyh/2008—02/14/content_ 9736935_ 3. htm，2016 年 2 月 1 日。

了良好的基础。尤其，新《环境保护法》经过近一年的施行，其权威和震慑力不断增强，为“十三五”时期进一步强化环境法治积累了经验，并打下了良好的官方监督预警基础。

“十二五”期间，通过大力实施《大气十条》，在京津冀、长三角和珠三角等重点区域，建立健全了区域联防联控协作机制。建成发展中国家最大的空气质量监测网，全国338个地级及以上城市全部具备细颗粒物（PM2.5）等六项指标监测能力。在四省（区）开展生态保护红线划定试点，六省（区）在全国率先出台省级环境功能区划。各级环保部门完成4000多项规划环评审查，国家层面完成300多项。国家层面审批项目环评文件1164个，对153个不符合条件项目不予审批，涉及总投资7600多亿元。中央政府投入专项资金172亿元，支持重点区域实施重金属污染治理，重金属污染事件由2010—2011年的每年十余起下降到2012—2014年的平均每年三起。全国堆存长达数十年的670万吨历史遗留铬渣处置完毕。各级环保部门妥善处置各类环境事件近2600起。

2015年，国家在十个省启动土壤污染治理与修复试点示范项目，推进湖南、重庆、江苏等省（市）污染场地环境监管试点，部署京津冀关停搬迁工业企业场地排查工作。对重金属污染防治综合规划实施存在问题的地区进行通报和预警，对重金属污染物排放量增幅过快的地市扣减专项资金。审核废弃电器电子产品拆解数量6900万台，拨付补贴资金53亿元。扎实推进网格化环境监管，全国67%的地级市、60%的县区完成网格划分工作。[①]

3. 监督执法能力

环境保护部门与司法、公安部门之间的联系加强，联动执法加强，环境行政与环境司法之间有序衔接，执法效率得到提高。2011—2014年，多部门联合开展环保专项整治行动，全国共出动执

① 陈吉宁：《以改善环境质量为核心全力打好补齐环保短板攻坚战——在2016年全国环境保护工作会议上的讲话》，《中国环境报》，2016年1月14日。

法人员924万余人（次），检查企业362万余家（次），查处环境违法问题3.7万件。加强行政执法与刑事司法联动，2015年环保部首次联合公安部、最高检对两起案件启动联合挂牌督办，形成合力打击环境污染犯罪活动。据环保部统计，2015年前11个月，全国移送行政拘留案件1732件，移送涉嫌环境污染犯罪案件1478件。2015年全年国家实施按日连续处罚715件，罚款数额5.69亿元，查封扣押4191件，各级环保部门下达行政处罚决定9.7万余份，罚款42.5亿元，比2014年增长了34%。[①]

此外，通过组织开展环境保护大检查，督促企业遵法守法。全国共检查企业158万家次，查处违法排污企业5.1万家、违法违规建设项目企业7.34万家。环保部组织对33个城市开展综合督查，约谈16个市级政府主要负责人，推动解决了一批突出环境问题。

4. 信息公开

自2008年国务院《政府信息公开条例》和环保部《环境信息公开办法（试行）》实施以来，我国环境信息公开覆盖面不断扩大。尤其近几年，环境信息公开制度建设不断完善、信息公开的落实不断推进。2013年，省级环保机构网站建设评比，参评的31个省级环保厅（局）网站信息公开类指标平均得分率为73%。全国主要环境介质污染情况的信息公开得到推进：大气环境质量信息公开覆盖大部分地区。目前有338个城市的1436个监测点位开展空气质量新标准监测，并向社会公开信息。公开的信息包括可吸入颗粒物、细颗粒物、二氧化硫、二氧化氮、臭氧和一氧化碳等六项指标的实时监测数据和空气质量指数。主要水体环境信息方面，环保部已在重要河流的干流、重要支流汇入口及河流入海口、重要湖库湖体及环湖河流、国界河流及出入境河流、重大水利工程项目等断面上建设了100个水质自动监测站，监控包括七大水系在内的63条河流、13座

---

① 陈吉宁：《以改善环境质量为核心全力打好补齐环保短板攻坚战——在2016年全国环境保护工作会议上的讲话》，《中国环境报》，2016年1月14日。

湖库的水质状况，监测项目包括水温、酸碱度、溶解氧、电导率、浊度、高锰酸盐指数、总有机碳、氨氮，湖泊水质自动监测站的监测项目还包括总氮和总磷。[①] 土壤和固体废物信息公开尽管还未开展，但准备工作正在推进。

环评信息作为工程项目实施合理与否最重要的依据，其数据公开工作也得到推动。2013 年，环保部出台了专门针对环评的信息公开文件《建设项目环境影响评价政府信息公开指南（试行）》，要求自 2014 年 1 月 1 日起，建设项目环评管理程序、审批信息、建设项目竣工环保验收信息等全过程信息均要进行公开，环评报告书的全文也必须公开。[②] 2014 年，新修订的《环境保护法》也确立了环评报告全文公开的法律要求。目前，已经有许多地方按照要求将建设项目环评的全过程信息进行了公开。

5. 公众参与能力

公众参与的范围包括普通民众及非政府组织（NGO）等社会团体。近年来，政府通过制定法律、规章等不断加大环境信息主动公开力度，公众对环保事务的知情权不断得到保障。在产生普遍影响的垃圾焚烧和核电等事件中，政府通过媒体等方式与公众展开对话，提升公众对环保事务的参与意识、促进公众了知合法的参与方式。通过召开圆桌会、座谈会、研讨会等形式，在政策、法律法规、技术标准起草制定过程中安排公众参与，将专家、媒体和环保社会组织的意见建议吸收到相关文件中。环境行政复议、“12369”环保热线和环境信访等公众日常参与平台已经建立，可及时受理群众诉求。以“12369”为例，自 2009 年热线开通以来，年均受理群众举报近

---

① 王华等：《我国环境信息公开现状、问题与对策》，《中国环境管理》，2016 年第 1 期，第 84 页。

② 王华等：《我国环境信息公开现状、问题与对策》，《中国环境管理》，2016 年第 1 期，第 84 页。

2000件，结案率达97%。①

为引导培育环保社会组织的健康发展，政府对国内环保NGO的状况进行了深入调研，并建立了动态数据库。环保部门还利用赠阅环境报和部分刊物、不定期召开交流座谈会、举办培训班和走访调查等形式，及时传递环保政策，加强动态指导。政府与环保社会组织的信任逐步建立，环保社会组织也越来越多地加入到环境保护公众参与工作中来。

---

① 潘岳：《大力推动公众参与创新环境治理模式》，《环境保护》，2014年第23期，第13页。

第三章　推进中国环境治理体系和能力现代化的挑战及国际启示

第一节　中国环境治理现状：问题与挑战

伴随着巨大的经济进步，中国正在进入环境事故与环境风险的集聚期和高发期，环境污染和生态退化对社会发展的影响也日益凸显。人民群众对环境质量的要求越来越高，环保已经凸显为重要的民生问题。环境治理肩负着环境和百姓生存发展的长远大计。但中国开展生态环境治理仍存在很多问题，并面临不少挑战，环保政策没有跟经济政策和发展政策做深度的融合。[①]

一、存在的问题

（一）治理体系

1. 环境法律体系

我国环境法制建设取得较大进展，环境法制体系初步形成，但仍不完善，环境政策制定还需更加科学化。除了《宪法》中关于环保的原则性规定之外，我国先后制定和实施了《环境保护法》《环境影响评价法》《大气污染防治法》《固体废物污染环境防治法》，以及《野生动物保护法》《矿产资源法》《森林法》《循环经济促进

① 陈吉宁：《我国环保政策未与经济政策发展政策深度融合》，十二届全国人大三次会议记者会，2015 年 3 月 7 日。

法》等近 30 部与环保、资源相关的法律。为了细化法律或者填补法律的模糊地带，国务院还制定了 60 多部环保方面的行政法规。另据统计，国务院相关部门、各地方人大和地方政府依照各自职权也制定和颁布了 600 多项部门规章和地方性法规。[①] 但中国环保法治 30 多年，虽然环保法律大量颁布，环保法律制度并没有发挥应有的效果，环保机构不断升格，环境质量状况却没有根本好转，反而局部恶化。从实际情况来看，中国环境法律体系存在诸多问题：

（1）立法的可操作性、客观性、统一性不足。环境立法原则表述多，过多地使用“应当”“鼓励”等模糊性语言，削减了相关法律条文的权威性和执行效率。例如，建设项目的公众参与由建设单位主导进行，所谓的论证会、听证会都是建设单位的关系人员或者支持者参加。主要的表现是上位法的规定模糊，导致下位法很难据以细化。导致法律在现实中的可操作性很差，法律目标难以达到。

而且中国的环境保护立法工作，长期是由与之相关的主要行政部门主导。从 1979 年《环境保护法》制定以来，环境、资源、能源等相关的环保立法基本是由各个部门来指导的。行政主导立法容易使得部门利益法律化，难以从环境改善的实际需求出发，导致客观性不足。部门指导的法律各管一块，定义不同，立法理念不同，环境法律规范之间缺乏完整的逻辑结构。同时，存在一些相互重复、相互抵消、相互脱节和缺乏操作性的内容。这些都使得环境立法不完善、立法规定缺乏操作性、法规不合理。

（2）缺乏对生态环境进行全面保障的法律体系。中国的《环境保护法》类似于一部污染防治的牵头法。尽管 2014 年 4 月全国人大常委会第八次会议表决通过了新修订的《环境保护法》中，将“推进生态文明建设”确立为立法宗旨，并在基本原则中将环境污染和生态破坏的责任加以合并体现在“损害担责原则”中，在环境保护

---

① 汪劲：《环境法治 30 年为何难治污染?》，http：//news. qq. com/a/20100818/001246_ 6. htm，2015 年 12 月 8 日。

基本制度中增加了基于综合生态系统保护理念的监管制度等，但缺乏促进生态环保统一协调监管体制建立的规定，对环保主管部门和行政主管部门的相关职责界定仍然矛盾。①

虽然2014年修订的《环境保护法》规定了生态补偿等措施，但是总的来说综合性不足，和生态保护有关的自然资源开发利用、林业环境、农业环境、水环境、水土保持等方面规定修改得很少，没有担负起生态环境保护的综合法律责任。新修订的《环境保护法》偏重于污染防治，与环保部在所有的环境管理事项中对污染防治的管控能力较强有关，部门立法的色彩仍很浓厚，对于遵守各领域专门立法的水利、国土、林业、海洋等部门则适用性不强。

再者，新修订的《环境保护法》仍属于全国人大常委会通过的法律，与《水法》《森林法》《土地管理法》等的法律层级一样，难以起统帅这些环境资源专门领域法律的作用，没有上升为综合意义上的环境保护基本法。

另外，从法律部门的分类来说，也是将污染防治和资源与生态保护相割裂的。全国人大在2011年宣布已经建成的中国特色法律体系当中，环境与资源保护的法律不仅没有成为独立的法律部门，反而被进一步肢解，污染防治法被划入了行政法，有关资源和生态保护的法律被划入了经济法。这种割裂，反映的思维和理念是没有把生态环境作为一个整体来看待。②

（3）司法保障不够、诉讼渠道阻隔。在中国由于环境诉讼的司法保障不足，少有污染者被追究刑事责任，以暴力抗污的人反被追究刑责。对违法案件不受理或者判决不执行，导致违法者难以被追究责任。环境诉讼占环境纠纷总量的比率过低，环境司法的现实供给与需求严重失衡。2011—2013年间，全国各级法院受理的环境资

① 任世丹：《从环境法制转向生态法制——评新〈环境保护法〉的亮点与不足》，《绿叶》，2014年7期，第53页。

② 王灿发：《论生态文明建设法律保障体系的构建》，《中国法学》，2014年第3期，第41页。

源案件年均不足3万件，与全国法院年均受理1100多万件案件的总量相比，只占不足0.2%的比重。与此形成鲜明对比的是，环保问题实际上占到了当前全国群体性事件十大原因的第九位，因环境污染引起的群体性事件的增长速度已排到了全国第七位，增长率达到了29.8%。[①] 其根本原因在于，诉讼渠道不畅通，环境纠纷即使能够进入法院系统，也是败诉多、胜诉少，执行难度大。

（4）执法依据不足、监管手段有限。由于《环境保护法》法律层级有限，导致其效力等级较低，协调作用有限。《环境保护法》在内容上的局限，也导致与其他法律间衔接性较低，制度相互配合差。法律法规规定原则性强，有的超越实际，可实施性不强。环境法律制度的设计中有关共治理念的落实不足，[②] 公众、社会组织等第三方的参与机制不完善，限制了其对政府环境监管的有益补充。

2. 环境管理体系

我国环境保护部门经过30多年的建设，从无到有、从临时到常设、从非正式到正式、从部门归口管理到国务院组成部门，其重要性逐步得到提升。与此同时，由于历史原因，其他存在环保管理职能的部门在自身的职责范围内也发挥着管理作用。但由于各部门之间存在的职权和利益的交叉和矛盾，使环境保护管理体制运行不畅，影响了整个环保工作的落实和执行。主要存在的问题如下：

（1）条块管理方式，导致环境保护工作难以实现统一监督管理。我国对生态环保工作的管理是由环保部门统一监督管理与相关部门监督管理相结合的环境管理体制。即环境保护部作为国家环保的行政主管部门，在各级人民政府设有相应的环境保护行政主管机构、对所辖区域进行环境管理的“块块管理模式”；和其他部门依法分管某一类污染源防治或者某一类自然资源保护监督管理的“条条管理

---

① 杨朝霞：《环境司法主流化的两大法宝：环境司法专门化和环境资源权利化》，《中国政法大学学报》，2016年第1期，第84页。

② 中国环境与发展国际合作委员会：《法治与生态文明建设研究报告》，中国环境与发展国际合作委员会2015年年会，2015年11月9日，第v页。

模式”（包括国家海洋行政主管部门、港务监督和各级土地、矿产、林业、农业、水利行政主管部门等）。条块管理并存的状态，导致环保工作的统管部门与分管部门之间执法地位平等，不存在行政上的隶属关系，没有领导与被领导、监督与被监督的关系，其后果是使环境管理依赖于各个部门之间的协调和合作。[①] 由于环境管理体制立法滞后，致使环境保护“条块分割”较为严重。环保部门在职能部门（例如能源部门）的管辖领域行使职权时，往往有责无权。同时环保执法权力在地方被架空的问题。中央政府对地方政府的环境监管缺乏有效的约束，地方的人事和财权都在同级党委和政府手中，上级环境保护部门作为专业指导和监督部门，难以有更大的约束和监督手段。由于地方环保部门收支与地方财政挂钩，在地方政府对环保不重视的情况下，环保部门的执法、监督职能难以落实。

由于条块分割，我国对资源环境难以实现统一管理。经济发展是人类开发使用自然资源的结果，环境污染是自然资源利用不合理造成的。而如果资源和环境的管理职能分离，难以避免人员浪费和管理低效。

（2）重叠交叉、错位的分部门管理导致执法效率大大受限。环保行政执法的体系从行政因素上来看是健全的，但是中国实行统一管理和部门分工负责管理的体制，这个体制实际上相互之间是勾连、制约、重叠的，影响着权力的实现。环境管理机构重复设置现象普遍，各种环境立法内容容易出现重复、交叉和矛盾。由于部门间权限界定模糊，对各部门如何协作的法律规定不详，导致各部门囿于本部门利益的不正当考虑，对有利可图的事务竞相主张管辖权，对与己不利的事务和责任，则相互推诿，产生“踢皮球”的现象。

科学、有效的管理应当是先明确各部门的管理性质，分清该部门管理是综合性决策管理、行业管理，还是环境执法监督管理，在

---

① 李侃如：《中国的政府管理体制及其对环境政策执行的影响》，《经济社会体制比较》，2011 年第 2 期，第 147 页。

此基础上，对各个部门进行合理职能分工，要避免管理性质与管理职能设计上的矛盾和冲突。但目前针对有关部门环境管理职能的设计，往往忽略了这一问题，具体表现为：行业管理部门行使了环境监督管理部门的职权，综合决策性管理部门行使了专业管理部门的职权，专业管理部门行使了综合决策性部门的职权，政府行使了其下属部门（尤其是环保部门）的职权。[①] 目前环境管理部门已经意识到相关问题，近几年不断调整、合并和新建职能部门。

（3）社会监督机制不完善。具体表现在社会监督据以实现的信息收集和反馈机制不完善。使得环保立法征求公众意见回应说明不足、环保执法听取公众意见不足、公众获取日常环境信息不足，以及环境司法公众参与不足等。[②] 从西方国家公众参与决策过程的立法与实践看，公众参与环境与开发决策活动中主要享有如下三个基本权力：被告知相关信息的权利、被咨询相关意见的权利，以及其意见被慎重考虑的权利。[③] 而我国的环境保护社会监督机制，对公民三种权利的实现都极为有限。

（二）治理能力

1. 执法能力不足

执法资源严重不足，体现在执法人员数量不足、素质不高。虽然环保部门的机构与人员数量呈增长趋势，但真正参与到执法中的人员数量增长有限，与快速增长的环境监管压力相比微不足道。除执法装备差、执法经费不足所导致的执法取证难、执法效果差等问题外，执法人员素质偏低、人员结构不合理也是基层环保部门受到

---

① 王灿发：《论我国环境管理体制立法存在的问题及其完善途径》，《政法论坛》，2003 年第 4 期，第 55 页。

② 汪劲：《环保法治三十年：我们成功了吗》，北京大学出版社，2011 年版，第 337 页。

③ Luca Del Furia，Jane Wallace-Jones，" The Effectiveness of Provisions and Quality of Practices Concerning Public Participation in EIA in Italy"，Environmental Impact Assessment Review 20（2000），p. 464.

诟病、制约精细化环境执法的重要因素。据统计，目前环保系统监察执法队伍中环保及相关专业的人员比例仅占23%左右。[①]

学历构成方面，由于学历构成越往基层越低，导致基层单位的基本环境监测仪器没有人会用的现象比比皆是。另外，由于环保执法权限设置混乱，应有执法权的机构没有，不应有执法权的机构有执法权，使得应当受到维护的权益更加难以受到保护，是制度安排导致的执法能力不足。

尽管目前国家已经在政策上给予环保职能部门资源、权力等的支持，但“经济”的决定性地位，短期内难以彻底改变，环境保护部门现有的资源还无法满足环境保护的实践需要。尤其是财力方面，环境保护部门亟待加大财力支持。目前的环境管理体制下，在地方层面，由于受地方财政影响，各地基层环境管理部门发展很不平衡，贫穷地方的环保部门力量最薄弱。由于不是由国家统一拨款，基层环保机构的规模与力量往往受到当地的经济状况和当地政府的制约。

2. 技术保障不足

环境治理的技术支持和保障不足，主要体现在环境监测和信息平台资源浪费和整体投入不足并存。各部门环境监测网络基本各自委托建立，相互之间兼容性差，既加重了财政负担，又造成了严重的人力物力资源的浪费。同时，监测系统的不兼容，监测数据的可比性差，信息难以整合，对政府科学决策贡献不足。另外，与监督管理任务相比，整体的监测投入又不足，尤其基层单位监测系统和网络设置不足，难以完成日常的监测任务。

环境信息基础支撑和信息服务能力不足，是技术保障缺乏的又一表现。环境信息采集缺乏规范，环境信息的实时性差、对现状的响应度低，对环境决策的支撑有限。环境管理业务信息化应用水平低，信息开发应用层次低，资源共享度不高，对环境状况监督管理

---

① 王金南等：《环境损害鉴定评估：环境监察执法的一把“钢尺”》，《环境保护》，2015年第14期，第12页。

的贡献小。

3. 宣传教育重视不足，公众参与有限

目前中国的环保宣传教育仅限于一些纪念日的活动，没有纳入百姓日常的生活、青少年的教育体系中，公众在头脑中对环境保护的自觉意识没有建立起来。中国环境管理资源不足是长期存在的问题，随着环境问题的累积，环境管理资源的调动必须挖掘社会潜力。其中将公众的参与纳入其中，是环境管理资源的补充、管理效率进一步提升的长远方式。由此，公众的有效参与对管理效率的提升至关重要。

但目前，无论从法律、制度保障方面，还有很多需要完善的内容。尽管2014年新修改的环保法，已经提到多元主体参与环境治理的必要性，但从法律要求到具体落实还有很大的距离。另外，管理部门对公众参与存在的迟疑，对公众参与和社会力量持有“躲”“闪”“怕”的心态①，也导致与公众的沟通不及时、缺乏耐心，工作方法单一，从而不能有效调动公众参与的积极性和发挥应有的作用。

4. 国际合作经验转化不足，与国内需求对接不充分

我国自1992年后逐渐开始真正参与国际多边和双边环境合作中。20多年来，通过项目合作方式，中国在环境保护方面申请到的资金在发展中国家中遥遥领先②，涉及到管理技术示范领域覆盖政策、监测和处理处置技术等多方面经验。这些经验对国内环境保护的政策规划、战略视角的提升有非常大的帮助③。但具体到管理政

① 潘岳：《大力推动公众参与创新环境治理模式》，《环境保护》，2014年第23期，第15页。

② 王志芳、张海滨：《当前全球环境治理特点与中国应对》，《中国国际战略评论2015》，世界知识出版社，2015年9月，第190页。

③ 环境保护部中国环境与发展国际合作委员会网站，2014年年会张高丽讲话内容，http：//www. cciced. net/ztbd/nh/2014/，2015年1月2日。不可否认中国环境与发展国际合作委员会对中国环境保护理念和战略的提升起到非常重要的推动作用，是中国环境国际合作的典范。

策、监测控制技术的转化推广，这些多年累积的宝贵经验没有充分发挥作用，对急需管理技术创新的中国环境保护工作来说非常可惜。

此外，具体的国际合作项目与国内需求的对接落差，导致项目示范成果的应用与推广价值不大，浪费了宝贵的国际援助资源。以国内履行的一些国际多边环境协定为例，一些示范项目的技术选择方案虽已不能满足国内的技术需求，仍然被当作最佳环境技术作为示范。[①]

二、面临的挑战

（一）如何构筑完整的生态环境治理的法律保障体系

生态环境治理的法律保障体系的构筑是开展生态环境治理最基础的工作，它既是环境治理各项工作开展的行为准则，也是治理成效的核心保障。我国正在现有的环保法律体系的基础上，包容性地构建生态文明理念下的生态环境治理的法律体系。但其中要抵消原有体系的不合理，需要克服法理的矛盾、机构和资源关系的矛盾，因此这样的工作需要长时间的探索和坚持才能完成。与中国急需通过解决环境经济发展矛盾的紧迫性相比，体系构筑所必须的耐心，使得现有的法律体系构建和调整的过程，面临着不能立刻满足现实需求的尴尬和因为失去等待耐心而放弃的风险。

生态环境治理的法律体系不同于以往较为单纯的以污染治理为主，而是将自然生态系统与人类生存相结合的综合法律体系。据政法大学资深环境法律教授王灿发的观点：“生态系统的物物相关规律揭示了生态系统的各个组成部分之间存在着相互联系、相互制约、彼此依存的关系，改变其中的一个部分，必然会对其他部分产生直接或间接的影响，这一规律不仅影响到对各环境要素的

---

① 《蒙特利尔议定书》《持久性有机污染物的斯德哥尔摩公约》等的实施中引进的哈龙淘汰技术、非焚烧技术、造纸领域的 TCF 技术等，在国际上并不作为主流技术推广，却进入了我国履约示范项目中。

保护，而且也直接关系到污染防治与资源开发利用和生态保护之间、化学物质和放射性物质等的生产和使用与人体健康和生态保护之间复杂关系的调整。这就需要构筑起一个包含污染防治、资源开发、生态保护紧密联系的法律保障系统。”① 中国现有的与资源环境相关的法律还远做不到对个人与单位对生态系统的约束性利用，而且法律内容还存在割裂、脱节、重置的问题。例如，同一种野生植物，长在林地里、草原上或其他土地上，可能存在不同的管理管理部门。这样建立起来的法律体系无法构成一个系统完整的生态环保的法律体系。

综合目前的各项矛盾，生态环境治理法律体系的构建既要坚持长期的调整和不断完善的原则以达到体系所拟实现的最高目标，也要适当将现今急迫应对的环境治理所需的法律基础先行补充进去。尤其，目前需要解决几个显著的问题以确保生态文明理念指导的环境治理法律体系逐渐运行起来：第三方参与及其权益的保护作为实现生态环境善治的核心内容，需要在法律制度上更加明确和细致；不同领域的法律之间有关生态文明建设和持续发展的理念、原则与机制的基本统一；尽快建立形成自然资源和环境资源产权法律制度体系和民事法律责任体系。

（二）如何破解制约生态环保的体制机制障碍、提升治理效率

对于以依法治国为基础的国家治理而言，法律体系的完整、全面是生态环保治理据以有效展开的基础。以上法律体系构建存在的诸多问题，制约了体制机制的完善与落实。但就现有的状况和拟实现的目标而言，以下问题严重制约现有治理的效率。

公职人员权力、责任和能力不匹配影响政府的政策执行能力。

---

① 王灿发：《论生态文明建设法律保障体系的构建》，《中国法学》，2014 年第 3 期，第 41 页。

生态环境治理需要有对保护生态环境不同以往的新的认知和理念，有些领域还需要较强的理论和技术背景，而现有行政部门的公职人员和司法机关的司法人员相关的认知能力和态度、学习能力和业务工作技能都需要提高。

现有的体制中信息收集、整合、使用和公开等方面存在很大的不足。及时有效的信息传达和披露对于政策的制定和执行非常重要，对于第三方或公民社会的有效参与和监督也非常必要。

公众对生态文明及生态环境治理的参与方式和途径了解不够，难以有效参与到生态环境保护的日常活动中，也难以对违法行为实施监督，严重影响了多元共治的实现。

只有在这些制约效率因素的不断解决之后，随着法律体系的进一步完善及其效率的进一步提高，体制机制与法律双方才能逐渐达到较好的默契，并实现环境治理的最高目标。

第二节　全球环境治理经验

一、全球环境治理的特点及对中国的启示

近年来，全球环境治理随着全球环境受到越来越多的关注，有越来越多的国家参与其中。全球环境治理呈现的一些明显特征对各国自身的环境治理也产生着影响。中国正在开展的生态环境治理，也将视野延伸到全球范围。2015 年 3 月，中央政治局在有关《关于加快推进生态文明建设的意见》的审议会议上强调，必须从全球视野加快推进生态文明建设，把绿色发展转化为新的综合国力和国际竞争新优势。[①] 对全球环境治理特征的研究，可以推动国内的生态环境治理与全球接轨，从外部促进国内生态环境治理

---

① 中共中央政治局召开会议审议《关于加快推进生态文明建设的意见》，http：//politics. people. com. cn/n/2015/0324/c1024 –26743695. html，2016 年 2 月 2 日。

现代化的步伐。基于对全球环境治理最新特征的研究，分析得出如下结论。

（一）工业污染类环境问题的全球关注度上升

迄今为止，全球共签署约750个多边环境公约（MEAs）（包括区域性和全球性MEAs），涉及的领域主要为自然资源保护（能源、淡水、物种、栖息地）和污染治理（水、大气、海洋、废弃物）等两个重要方面。尽管污染治理相关的公约和协定只占全部约四分之一，但近些年这个领域因对环境的严重影响受到格外关注。图1显示，有关污染控制类（包括武器控制）MEAs的签约量随时间的推移呈上升趋势，而自然资源保护类公约则呈下降趋势。目前包括气候变暖、臭氧层破坏、持久性有机污染物以及汞等重金属污染在内的全球环境问题，主要源于现代工业的发展。

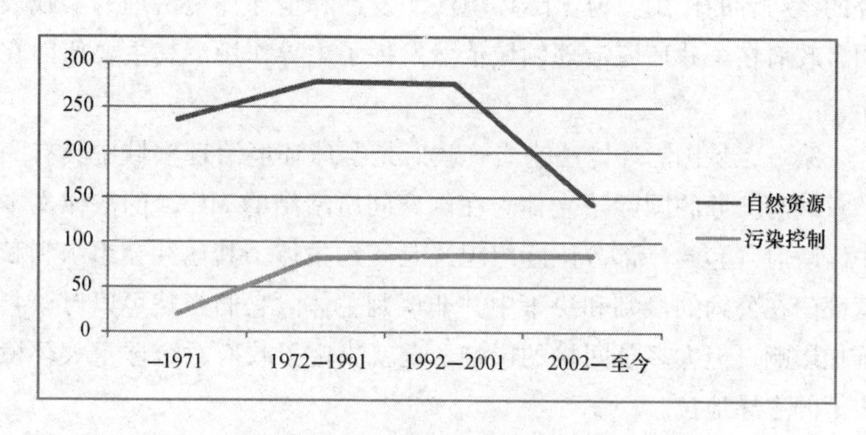

图1　自然资源保护级污染控制类MEAs的签约量变化

资料来源：根据国际环境条约统计网站信息整理，参见http：//iea. uoregon. edu/page. php？query = base_ agreement_ list&where = start&InclusionEQ = MEA&SubjectIN = Weapons/Environment/Nuclear。

工业污染在中国也是主要的污染来源，而且近年来重大的环境事件都直接来源于工业生产行为。因此，全球最大的环境援助基金——全球环境基金对于工业领域的环境援助份额在不断增加：持久性有机污染物控制领域的资金分配额度已从第一次增资期间的2%增长到现在的10%以上。[①] 近十年来全球经济不景气，发达国家不再主动承担责任。尽管各类新的环境问题不断涌现，但在全球范围内要达成一项环境保护行动的共识非常困难。不过，鉴于汞污染对环境的巨大负面影响，国际社会还是于2013年签署了《关于汞的水俣公约》。由此可见，全球对这一领域的极大关注。

由此中国生态环境治理需要加大对工业生产的关注。由于工业对中国的经济发展又至关重要，生态环境治理的过程中协调工业行为是核心。环境治理的成败中与工业的协调顺利与否又是关键因素。

（二）政府主导全球环境治理是长期趋势

多年来，尽管不少人在理解全球环境治理时，非常强调官方之外的参与者的作用，但国际环境法的发展和全球环境治理的实践表明，政府在全球环境治理领域依然发挥了主导作用。其主要原因在于：

第一，从国际环境法来看，政府是全球环境治理领域中具有完整权利与义务的国际法主体。在国家间所缔结的MEAs的法律文本中，政府（包含一部分国际组织）是签约主体。其他社会组织和私营部门在公约的谈判和决策中并非谈判主体。它们当然可以对谈判施加影响，但大多是间接的影响。这就决定了政府对全球重大环境决策的主导地位。

第二，从实践来看，全球环境治理的外部成本，在一个完善的国际环境治理体系（政府、公民、市场的有效参与）形成之前，需要政府的主动行动来引导和消化。例如，在MEAs的具体

① 根据全球环境基金网站公开的数据信息整理，具体参见全球环境基金网站：OPS5 FIFTH OVERALL PERFORMANCE STUDY OF THE GEFFIRST REPORT：CUMULATIVE EVIDENCE ON THE CHALLENGING PATHWAYS TO IMPACT，http：//www.thegef.org/gef/OPS5，2014年11月20日登录。

实施中，政府通过给予相应的政策措施或直接的资金补贴，来抵消外部性带来的经济损失，并鼓励更多的相关方主动参与其中。另外，发展中国家在与发达国家展开全球环境利益方面的博弈时，只有在官方层面才有更多的力量获得比较公平和公正的结果。因此现实和实践的需要也导致政府必须发挥全球环境治理的主导作用。

中国自十八届三中全会提出国家治理现代化后，很多研究者将重点转向了西方有关治理的理念，并提出公民社会参与的重要性，对政府的主导行为提出质疑。但从全球环境治理的趋势来看，公民社会的参与不能替代政府的主导性。这也说明在生态环境治理中政府的主导作用不能弱化。相反，在纠正过去治理不足的情况下，需要强化政府的引导作用。

（三）非政府组织对全球环境治理决策的影响逐渐加强

非政府组织（NGO）不是国际环境法主体，不能直接享有国际环境法权利，并承担相应的义务。但凭借在联合国获得的咨商地位，NGO 能够通过提供科学信息和客观建议等方式，参与全球环境治理的各类谈判、协商会议，并通过实施社会监督、开展第三方调研评估等活动，推动治理的具体实施，从间接或部分直接的角度影响着全球环境治理的重大决策。

以《关于持久性有机污染物的斯德哥尔摩公约》为例。在每年召开的新增持久性有机污染物的审查会议上，来自美国化学理事会、国际溴科学与环境论坛、大自然保护协会、“地球村”等 NGO 所提供的研究和评估信息，都是开展各类议题谈判的重要参考。[①] 再以气候变化谈判为例。参与缔约方大会（COP）的 NGO

---

① 《关于持久性有机污染物的斯德哥尔摩公约》网站中有关历届缔约方大会参会记录及报告，http：//chm. pops. int/TheConvention/ConferenceoftheParties/Meetings/COP7/tabid/ 4251/mctl/ViewDetails/EventModID/870/EventID/543/xmid/13075/Default. aspx。

数量逐年大幅度增加（见图2）。①

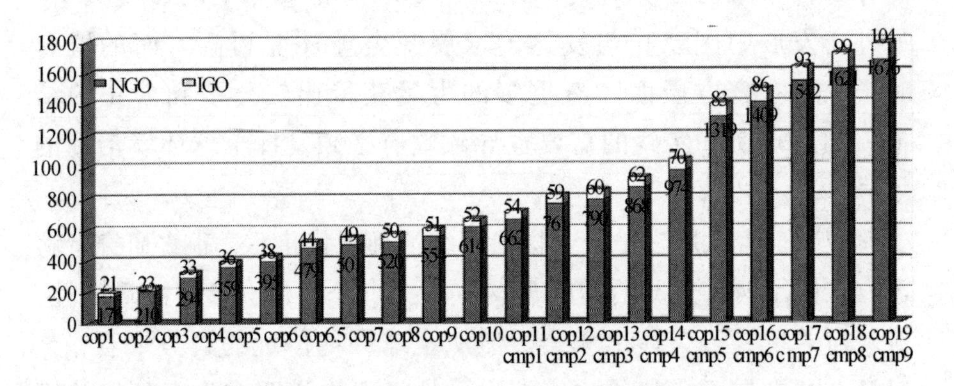

图2　历届参与 COP 会议的观察员（NGO 及 IGO）数量变化趋势

资料来源：根据气候变化公约网站信息整理。

全球环境 NGO 的发展时间长，在参与全球环境治理过程中有非常丰富的经验。在中国，“绿色和平”、世界自然基金会、“地球之友”等 NGO 都设立了分支机构，并逐渐加强与政府及民间的合作。这些 NGO 通过开展一些前瞻性的环境问题调查和研究，为社会提供客观信息和解决方案。近几年中国国家治理现代化的改革中，将多元治理作为其中一项内容，这是与以往理念上最大的不同之一。在这个大背景下，中国的环境 NGO 也在不断发展，由于对国情有深刻认识，在协调与政府的关系方面相对有优势。但基于资金来源、智力资源和经验等问题，社会影响力相比国际 NGO 还很有限。这些 NGO 在中国的存在有着共同的问题——缺乏对政策提出建议的有效渠道，这就大大限制了 NGO 资源对环境治理所能发挥的作用。

① 《气候框架公约》网站：Cumulative admissions of observer organizations COP 1 - 20，17 November，2014，http：//unfccc. int/parties_ and_ observers/ngo/items/3667. php#Statistics，2015 年 12 月 1 日。

（四）公私合作的环境治理模式在积极探索中

私营部门的生产和销售行为在全球化过程中对全球环境产生的越来越大的负面影响和政府部门的环境治理资源（资金、技术）不足使私营部门参与环境治理成为必然。与此同时，私营部门作为环境友好技术的拥有者、巨大社会资本的来源以及对行动效率有天然的敏感，若能参与到全球环境治理中，正好可以弥补政府治理的不足。私营部门的趋利性与环境保护的公益性有天然的矛盾，使其缺乏自觉参与全球环境治理的动力。而“公私合作”（public private partnerships）为政府与私营部门各取所需、实现双赢目标提供了逻辑上合理的思路。

由于以官方为主导的合作模式，并不将经济利益做为主要考虑因素，对私营部门的吸引力不强，使这些部门的实质参与有限。但国际社会对“公私合作”模式的期待和热情仍未减退，并努力在合作理念上有所拓展。自2013年起，全球环境基金（GEF）将“公私合作”作为未来开展全球环境治理融资和具体实施的重要方式，并为此开辟专门的资源以推动相关工作。[①]

目前，我国环保投资明显不足，尤其是中低利润和无利润的环保项目严重缺乏投资。让私营资本、私营企业参与环境公共事业中，也是目前中国解决环境外部成本内部化和推动环境投资的一个重要方向。2014年召开的APEC财长会议，也决定将“公私合作”进行资源开发与环境保护作为重要的工作模式，其中提到将商业可行性作为工作中的重要考虑因素。[②]

（五）城市治理行动正推动次国家层面全球环境治理的进程

都市化规模扩张以及由此带来的环境污染正在成为全球环境治

① Naoko Ishii, “TimeforTransformationalChangeThe Role of the GEF”. Washington: Global Environmental Facility, 16 August 2014, http://www.thegef.org/gef/pubs/time-transformational-change, 2015年3月8日。

② 肖光睿：《APEC搭台PPP唱戏》,《中国经济周刊》, 2014年11月6日。

理的重要内容。根据联合国的预测，到2030年将有三分之二人口居住在城市，到2050年城市人口预计会达到50亿。[①] 关于城市的环境污染，根据UNEP的报告显示，全球城市消耗着全球约三分之二的能源，并排放超过全球75%由能源使用而带来的温室气体。[②] 某些单一都市的碳排放量甚至可能超过一个中等国家。[③]

事实上，早在1987年发布的《布伦特兰报告》中就有专门章节关注城市环境问题的应对。报告认为城市作为越来越重要的人类聚居之地，应该成为追求可持续发展性的中心。[④] 1992年《21世纪议程》的第28章又提到"地方行为者规划自身的《地方21世纪议程》"，强调地方行为者在环境议程倡议、技术创新和行动实施中的重要性，[⑤] 随着《地方21世纪议程》的颁布，城市环保行为已成为推动全球环境治理的重要动力。以气候变化领域为例，随着气候变化议题在各国国内政治议程中的地位不断上升，地区层面的气候变化倡议行动推动了城市自觉减缓气候变化的行动。欧盟国家自1992—2009年已有274个城市制定了应对气候战略。[⑥] 根据IPCC第五次气候变化评估报告，在一份对全球城市开展的调研中，在所有

---

① United Nations Department of Economic and Social Affairs, World Urbanization Prospects (The 2014 Revision): Percentage of Population at Mid-Year Residing in Urban Areas by Major Area, Region and Country, 1950—2050, CD-ROM Edition. New York: United Nations, 2014.

② UNEP, Climate Finance for Cities and Buildings-A Handbook for Local Governments. UNEP Division of Technology, Paris: Industry and Economics (DTIE), 2014, p. 4.

③ Ibid, p. 59.

④ Michele M. Betsill and Harriet Bulkeley. "Cities and the Multilevel Governance of Global Climate Change," Global Governance, No. 12, 2006, p. 142.

⑤ United Nations, "We the Peoples: Civil Society, the United Nations and Global Governance", Report of the Panel of Eminent Persons on United Nations-Civil Society Relations, Washington: United Nations, 2004, pp. 51 – 52.

⑥ Hakelberg, Lukas, "Governance by Diffusion: Transnational Municipal Networks and the Spread of Local Climate Strategies in Europe", Cambridge: Global Environmental Politics, 02/2014 (14), pp. 107 – 129.

反馈的城市中，48%的城市正在开展气候减缓的计划和行动论证。[①]

（六）发展中国家对技术援助的需求日益强烈

近些年发展中国家在参与环境国际合作的过程中，申请援助资金越来越困难。发达国家作为全球环境治理援助资金的主要捐资方，由于金融和经济危机的影响以及合作意愿的下降，已经大大压缩这方面的投入。尽管覆盖的环境改善领域越来越宽泛[②]，以GEF为核心的全球环境援助基金，资金总额的增加额度并不明显。加之资金的帮助对发展中国家内部环境改善的带动作用并不理想，这些国家对环境国际合作的重点逐渐转向提升发展中国家持久的环境改善的能力。而环境友好技术所能带来的环境和经济的双重效益，正迎合了发展中国家的这一需求。

以气候变化领域为例，近几年发展中国家对环境友好技术的需求井喷式增长。图3关于发展中国家缔约方向公约秘书处提交的技术援助需求的报告显示：2001年至今，发展中国家对技术的需求愈加强烈。[③] 图中2005—2011年间技术需求的低落，主要源于2005年《京都议定书》谈判的失败（美国等拒绝签署）和随后数年有关减排目标共识的谈判，直到2010年技术机制的建立和2012年的运行，才使发展中国家的技术诉求再次有了表达的平台。具体表现就是，发展中国家提交的技术需求报告数量前所未有地增加。

---

① Carmin, J., N. Nadkarni, and C. Rhie, "2012: Progress and Challenges in Urban Climate Adaptation Planning: Results of a Global Survey", Cambridge: Massachusetts Institute of Technology, 2012, p. 30. 转引自 IPCC Group II, "Climate Change 2014 Impacts, Adaptation, and Vulnerability", Cambridge: Cambridge University Press, 2014, p. 734。

② 全球环境基金独立评估办公室：《全球环境基金第五次整体绩效研究总结报告：全球环境基金面临提升影响力的关键抉择内容摘要》，第8页。

③ 根据《联合国气候变化框架公约》网站信息整理。具体参见：http://unfccc.int/ttclear/templates/render_ cms_ page? TNR_ cre。

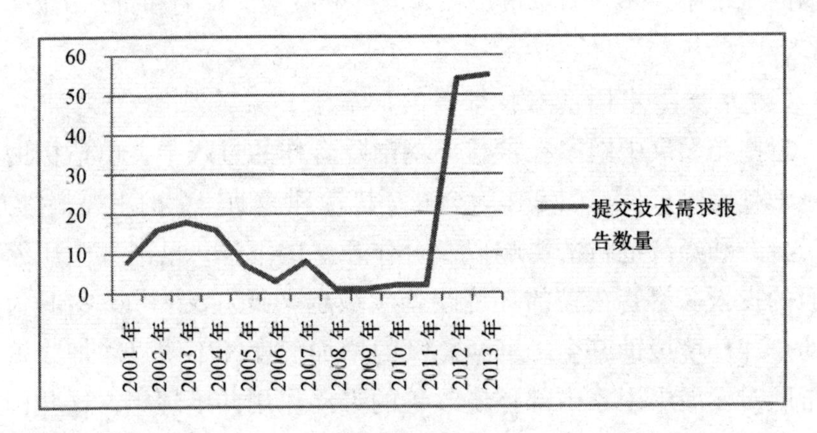

图3　发展中国家缔约方向气候变化公约秘书处提交的技术需求报告趋势

资料来源：根据气候变化公约秘书处网站信息整理。

发展中国家的环境治理中越来越具主动性和其强烈的技术需求。一方面取决于其所面临的现实环境问题，另一方面也说明这些国家对全球环境利益的关注。中国的生态环境治理走在其他发展中国家前列，中国的经验对其他国家来说有必然的学习的需求，这对中国进一步融入全球环境治理的进程，并在其中发挥主动性的作用非常有益。

（七）资源竞争促使不同环境机制加强协同合作

由于全球环境治理领域现有资金来源所能提供的资金数额与实际需求差距很大，不同领域环境机制之间的竞争性增强。[①] 这种竞争的压力也来自于全球有众多环境领域需要开展治理行动，而这些领域的环境治理机制大多独立运行，这就进一步加剧了资源的短缺。

资源竞争的压力促使国际社会不断推动环境公约与协定之间的协同合作，并在一些重要的联合国文件中融入相关理念。例如，“里约+20”联合国可持续发展大会会议成果就提出加强环境公约与协

① 全球环境基金独立评估办公室：《全球环境基金第五次整体绩效研究总结报告：全球环境基金面临提升影响力的关键抉择内容摘要》，2014年，第8页。

定之间的协同合作。[①] 尽管最初由于担心协同会导致更大的资源（主要是资金）竞争压力，协同的思想一度受到抵制，但联合国考虑到自身机构管理效率的紧迫需求，努力推动了一些领域环境机制间的协同合作[②]。例如，《关于持久性有机污染物的斯德哥尔摩公约》《控制危险废料越境转移及其处置巴塞尔公约》《关于在国际贸易中对某些危险化学品和农药采用事先知情同意程序的鹿特丹公约》的协同机制，就是在经历了四五年的讨论之后最终于 2013 年被各方接受。[③]

（八）发展中国家对全球环境治理的影响力上升

与其他类型的多边机制相比，多边环境治理机制是发展中国家在外交经验比较丰富、发展目标比较明确之时能够比较充分参与的外交舞台。自 20 世纪 70 年代，全球环境治理正式展开以来，多边环境治理机制为发展中国家提供了相对公平的平台，所以发展中国家通常能以积极的姿态参与其中，并使自身的利益体现在签署的法律性文件及随后的履约实践之中。但总体而言，在南北环境关系中，发达国家由于占有资金、技术和智力方面的强大优势仍处于主导地位。

近年来，随着发展中国家的群体性崛起及其对环境议题日益上升的国际影响，其在全球环境治理中的发言权和影响力不断增强。发达国家在环境谈判中不得不认真对待来自发展中国家的意见与诉求。2009 年，哥本哈根气候谈判会议上，正是由于“基础四国”

---

① Untited Nations，A/RES/66/288：The Future We Want，Geneva：United Nations，2012，p. 18.

② 《关于持久性有机污染物的斯德哥尔摩公约》《控制危险废料越境转移及其处置巴塞尔公约》《关于在国际贸易中对某些危险化学品和农药采用事先知情同意程序的鹿特丹公约》整合的网站信息：Review of the Synergies ArrangementsCompilation of Responses Received from Partiesto the Secretariat and to theUNEPandFAO Questionnaire，http：//synergies. pops. int/Implementation/ReviewofArrangements/tabid/2620/language。

③ Ibid.

（巴西、南非、印度和中国）的努力协调，最终促使差点无果而终的会议达成了不具法律约束力的《哥本哈根协议》。此后，“基础四国”通过有意识地团结、协调并坚持自身立场，在气候谈判中统一发声，已对谈判进程产生了重大影响，成为气候谈判中能与发达国家抗衡的重要发展中国家力量。[①] 也正是由于发展中国家的积极努力，“共同但有区别责任原则”的适用性在遭到发达国家不断挑战的情况下，仍然被写入2012年“里约+20”会议成果文件《我们憧憬的未来》之中。[②]

（九）发展中国家内部的分化越来越严重

如果说20世纪80年代以前发展中国家在环境谈判中还比较团结的话，那么冷战结束后，随着发展中国家利益的多元化和发达国家分化工作的加强，发展中国家的分化现象日益严重。以气候变化谈判为例，早期发展中国家以“77国集团加中国”的模式（“77+1”）与发达国家展开博弈。后来这一阵营逐渐弱化，出现了岛屿国家及最不发达国家集团、非洲集团、拉美国家集团等发展中国家组成的不同集团。2009年，哥本哈根大会之后，又出现了“基础四国”和立场相近国家集团等多个发展中国家组成的阵营。今天“77+1”在国际环境谈判中实际上是形式多于内容。其他议题的环境谈判情形也大致相同。[③]

（十）全球环境治理在全球治理中的地位提升

冷战结束以来，全球环境治理在全球治理中的重要性日益凸显。

---

① 《气候变化国际谈判中“基础四国”机制的作用和影响》，人民网，2014年9月15日，http://world.people.com.cn/n/2014/0915/c187656-25663802.html，2015年4月10日登录。

② United Nations. A/RES/66/288: The Future We Want. Geneva: United Nations, 2012, p. 3.

③ 张海滨：《纸上得来终觉浅，绝知此事要躬行——随中国代表团参加联合国首届环境大会有感》，《国际政治研究》，2014年第6期。

当前这种态势更加明显。这主要体现在两个方面：一方面，全球环境问题的严重性和紧迫性日益突出。在世界经济论坛发布的《全球2015年议程展望》报告中，最受关注的世界前十大议题中，有三个议题与环境直接相关，它们分别是“发展中国家的环境污染”“极端天气频发”“水资源加速枯竭”。[①] 报告明确指出：“环境议题已经前所未有地成为全球对话的重要关注领域。”[②] 另一方面，与其他领域的全球治理相比，国际环境谈判的广泛性和参与度十分突出。根据UNEP的统计，1971—2007年，《巴塞尔公约》《气候变化公约》《生物多样性公约》等的批准国越来越多，其成员国数量之大是其他类型的条约无法比拟的。在《联合国气候变化公约》《京都议定书》《巴塞尔公约》等14个最重要的国际环境条约中，成员国超过100个的达13个，其中5个条约的成员国数目超过180个。[③]

全球环境治理对政治治理的日渐重要的影响，在中国也是如此。中国对环境问题的重视需要进一步上升到重大的国家利益角度。

（十一）全球环境治理机制改革迫在眉睫

现有的全球环境治理机制分散、机构重叠现象严重，导致治理体系的碎片化、去中心化和效率低下已是不争的事实。根据UNEP的报告，截至2012年，在已确认的320个全球环境目标中，有一半目标没有进展甚至出现恶化。[④] 与此同时，全球经济整体陷入低迷，传统发展模式与资源有限的矛盾是全球经济重新崛起的最大瓶颈之一。寻求可持续的绿色发展模式正在成为世界各国的发展理念。因此以联合国为核心的全球环境治理机制要承担起更大的治理责任，

---

① World Economic Forum. Outlook on the Global Agenda 2015. Geneva: World Economic Forum, 2014, p. 4.

② Ibid., p. 7.

③ UNEP Division of Environmental Law and Conventions. AUDITING THE IMPLEMENTATION OFMULTILATERAL ENVIRONMENTAL AGREEMENTS (MEAs): A PRIMER FORAUDITORS. Nairobi: UNONPubilishing Services Section, 2014, pp. 25－34.

④ 联合国环境规划署：《衡量进步：环境目标与差距》，2012年6月，第30页。

必须进行新一轮改革。

2012 年，里约环境与发展峰会成果文件《我们憧憬的未来》第 88 条明确 UNEP 将在未来全球环境治理中发挥重要的协调作用，并提出改革 UNEP 的具体建议，以便从法律地位确定、能力建设、业务界定等方面对 UNEP 领导全球环境治理进行铺垫。2013 年，联合国大会同意开展联合国环境大会（UNEA）。2014 年，UNEA 第一次会议召开，拉开联合国对全球环境治理改革的序幕。此次会议为强化联合国在全球环境治理方面的作用做了许多铺垫。可以预见，在全球环境恶化的压力下，改革速度和力度还会加大。

全球环境治理机制面临的改革现状，对中国来说是个机遇。中国正在开展前所未有的环境治理的探索。而且环境和生存的压力要求中国只能成功不能失败。中国将生态环境治理放在越来越重要的位置，是与全球的形势相呼应。这也说明了中国所选择的以环境治理推动可持续发展的道路是正确的。

二、中国参与全球环境治理面临的机遇与挑战

在中国与世界其他各国的经济依存度和环境依赖度、影响度不断加深的大背景下，在全球环境治理呈现出的日益强化的大趋势下，中国参与全球环境治理面临着重大机遇和挑战。

（一）机遇

第一，全球环境治理改革的快速推进为提升中国的话语权及影响力、参与全球环境治理游戏规则的制定提供了良好机会。

联合国关于全球环境治理的重大改革计划，始于 2012 年“里约 +20”会议。会议在全面评估了全球面临的环境恶化现状基础上，提出对联合国环境规划署进行改革①，构建联合国环境规划署牵头下

---

① UNEP 网站有关“里约 +20”会议后改革信息：http：//www. un. org/en/sustainablefuture/index. shtml，2015 年 4 月 10 日登录。

的全球环境治理体系。随后，2013 年，联合国大会决议（A/RES/67/251）将联合国环境规划署理事会更名为联合国环境大会（仍隶属于联合国环境规划署），并将理事会从原有的 58 个成员国扩大为包含联合国所有成员国的普遍会员制。2014 年 6 月，联合国环境大会召开第一次会议，旨在商讨和确定一系列目标和指标，推动联合国千年发展目标的实现。[①] 这一系列重大行动，表明了联合国在全球环境治理改革方面的巨大决心。

鉴于全球环境恶化已经影响到人类发展的其他领域，世界各国对环境治理给予空前重视。“可持续发展”的理念以及发展绿色经济的具体举措，将全球环境治理与经济社会发展紧密联系到一起，意味着全球环境治理将对未来的全球经济乃至政治格局产生直接影响。中国主动参与其中，尤其是参与环境治理机制的建设，对自身在未来世界秩序中的作用，包括为发展中国家争取更公平的权益，都有重要意义。因此，联合国对全球环境治理的改革，为中国参与全球环境事务、增强中国对全球环境治理的影响力，提供了绝佳机遇。

第二，中国国内环境战略及政策的调整为中国参与全球环境治理提供了强大动力。

近年来，中国政府把环境置于前所未有的重要位置，这突出表现为战略上重视环境议题，规划上落实环保措施。环境保护的国际合作已被提升到国家战略层面。2007 年 10 月，中国共产党第十七次全国代表大会首次将环境保护的国际合作作为国家和平发展道路的重要组成部分，与对外政治、经济、外交、文化和安全等重大战略并重，这标志着环境保护国际合作进入了国家环境保护工作战略前方。[②] 2012 年 11 月，中国共产党第十八次全国代表大会确定了生态

---

① 参见 UNEP 网站有关第一次联合国环境大会信息，http：//www. unep. org/chinese/unea/docs/UNEAcalendar_ final. pdf，2015 年 4 月 10 日登录。

② 胡锦涛：《高举中国特色社会主义伟大旗帜　为夺取全面建设小康社会新胜利而奋斗——在中国共产党第十七次全国代表大会上的报告》，《人民日报》，2007 年 10 月 25 日第 01 版。

文明建设“五位一体”的战略布局和建设“美丽中国”的战略目标，确定环境保护国际合作承载着建设生态文明国际环境与发展平台的责任。[①]

在国家规划政策层面，环境保护“十二五”规划对环境国际合作做出了重要部署：“加强与其他国家、国际组织的环境合作，积极引进国外先进的环境保护理念、管理模式、污染治理技术和资金，宣传我国环境保护政策和进展。加大中央财政对履约工作的投入力度，探索国际资源与其他渠道资金相结合的履约资金保障机制。积极参与环境与贸易相关谈判和相关规则的制定，加强环境与贸易的协调，维护我国环境权益。”[②] 这个规划为中国开展环境领域国际合作的内容、资金和技术支持等提出了具体要求，为落实相关工作做了切实安排。

第三，中国通过参与国际环境合作不仅收益良多，而且积累了丰富经验，这将使中国未来参与全球环境治理时更加自信。

多年来，中国参与环境国际合作采取的是“以外促内”的政策，[③] 即通过争取国际援助（资金、技术、管理等）参与全球环境改善的同时，促进国内环境改善。由于对国际资源的依赖，中国参与度较高、实施比较有效的环境治理领域，一般是国际上援助资金比较充足的领域，也是发达国家优先关注的领域，如保护臭氧层、保持生物多样性、控制持久性的有机污染物等等。中国在实施这些领域的多边环境公约与协定方面收获明显，主要表现为资金、技术及能力建设三个方面。

资金：1991 年至今，中国从全球环境基金获得的资金量为

---

① 《胡锦涛在中国共产党第十八次全国代表大会上的报告》，http：//cpc. people. com. cn/n/2012/1118/c64094 - 19612151. html，2015 年 4 月 29 日登陆。

② 《国家环境保护“十二五”规划》重点工作部内分工方案，环境保护部，http：//www. mep. gov. cn/gkml/hbb/bgth/201212/t20121205_ 243258. htm，2014 年 9 月 1 日登录。

③ 参见环境保护部网站有关“十五”“十一五”“十二五”规划中关于环境国际合作的内容，http：//www. mep. gov. cn/zwgk/hjgh/，2014 年 9 月 1 日登录。

10.21 亿美元，约占全球环境基金全部赠款额的 8%。在全球 183 个国家共同申请全球环境基金的资金情况下，中国获得的资金量已经相当突出——中国在生物多样性、气候变化、国际水域和持久性有机污染物等领域的资金引进量占比很大，生物多样性领域甚至占有全球半数以上援助资金。①

技术升级：在多边环境机制的支持下，中国通过环境技术转移及其相关的能力建设活动，在技术更新换代方面受益良多，履约职责成绩显著。例如，在执行《蒙特利尔议定书》的过程中，在冰箱制造技术方面，中国企业从 20 世纪 90 年代初开始实施多边基金项目，共有超过 13 个行业获得替代技术转移和应用援助，先后有 53 家企业得到对无氟改造技术的资金支持。通过改造，这些企业的技术水平显著提高，中国冰箱对外出口稳定上升。一些价格较高、技术先进的替代品出口数量已经超过国内使用量。②

能力建设："十二五"规划发布之后，中国将环境国际合作作为快速提升国内环保综合能力的重要平台，③ 在履行重要领域的多边环境公约与协定方面取得了快速进展。以《关于持久性有机污染物的斯德哥尔摩公约》为例，有关持久性有机污染物自上到下的法律法规体系的构建都借鉴了国际经验；多年来中国建立的专门从事多边公约谈判和履约的机构，通过对多边环境公约与协定的参与，积累了比较丰富的经验，成为中国环境外交及环境管理人才培养的重要来源。通过各种活动，这些机构的人员在传递国际先进环保理念和

---

① 根据全球环境基金网站数据统计得出，http：//www.thegef.org/gef/country_profile/CN? countryCode = CN&op = Browse&form _ build _ id = form - d2153d07e92837fa7450a5882ec8013a&form_ id = selectcountry_ form#，2015 年 4 月 10 日登录。

② 中国履行《蒙特利尔议定书》官方网站，http：//www.ozone.org.cn/，2015 年 4 月 10 日登录。

③《国家环境保护"十二五"规划》重点工作部门分工方案，环境保护部，http：//gcs.mep.gov.cn/hjgh/shierwu/201210/t20121029_ 240586.htm，2014 年 9 月 1 日登录。

经验、推动国际环保经验本土化、提高国内民众环保意识方面发挥了重要作用。

总之，中国与国际社会在环境合作领域实现了良性互动。这使中国未来参与全球环境治理时更有“底气”、有信心。

（二）挑战

第一，资金短缺是中国环保事业面临的长期性问题。

自改革开放以来，中国的经济快速增长，目前已成为世界第二大经济体。中国的财力也日益强大，对环保的投入逐年增加。但由于中国的最大发展中国家的地位没有根本变化，且面临的环保任务又极其艰巨，因此，尽管中国政府已经尽其所能加大环保投入，但与繁重复杂的环境改善需求相比，差距仍然巨大。仅以中国《关于持久性有机污染物的斯德哥尔摩公约》的履约情况为例，按照中国承担的减排责任评估，仅二噁英的控制到2015年就需要约50亿美元的资金投入[①]，而全球环境基金在其20多年的运行中，分配给中国所有环境领域的履约资金只有约10亿美元。关于二噁英防治的国内资金投入，尚缺乏统计数据。但2013年环保部曾就《二噁英污染防治技术政策》在相关单位做了意见征求后，至今还未正式发布。也就是关于二噁英的污染防治，国内还未有可据以实施的技术政策规定。那么二噁英污染防治在纳入国家常规管理体系之前，国内不会有针对性的财政支持资金。国际、国内的现状，决定了中国环保资金需求与供给之间缺口巨大。中国对环保资金的来源和使用效率的关注会长期存在，认为“中国环保不缺钱”是个误解。

第二，争取国际环境技术援助的难度加大。

解决环境问题，归根到底取决于技术的进步，可技术的进步和突破非短期所能实现。中国正在大力进行科技创新，但与中国的实

---

① 《中华人民共和国履行〈关于持久性有机污染物的斯德哥尔摩公约〉国家实施计划》，环境保护部对外合作中心，http：//www. china-pops. org/guide/popskt/200807/P020121210421015511833. pdf，2015年4月29日登陆。

际需求相比，与发达国家相比，中国的环境科技水平还有相当大的差距。以气候变化为例，60% 以上的低碳核心技术都掌握在发达国家手里。另一方面，由于中国经济的快速发展，许多发达国家认为中国已从发展中国家“毕业”，对中国进行技术援助的政治意愿大大下降。中国依然会利用全球环境治理的平台，继续积极争取技术援助，但难度会越来越大。环保技术援助涉及到的知识产权保护和市场利益问题，需要通过新的合作机制加以解决。

第三，中国环境治理体系和治理能力的现代化极为紧迫。

从根本上说，中国能在全球环境治理中发挥什么作用，这取决于中国国内的环境质量。中国共产党的十八届三中全会为全面深化改革制定了“完善社会主义制度，推进国家治理体系和治理能力现代化”的总目标。在当前国内经济发展面临资源和环境强大约束的背景下，解决中国环境问题的根本之道无疑在于实现国家环境治理体系和治理能力的现代化。而这涉及到环境治理的核心理念、各类治理主体之间的关系、治理方式和治理绩效评估等众多新课题。目前，中国的环境治理仍未摆脱“应对型”和“反应型”的模式，缺乏预防性和系统性，这对中国参与全球环境治理是一个很大的约束。因此，中国未来参与全球环境治理的力度在很大程度上取决于中国自身环境治理体系和治理能力现代化的进程。

第四，中国面临的国际压力和大国责任越来越重。

由于中国经济和环境的影响越来越具有地区性和全球性，在全球环境治理中，国际社会对中国的期待和要求也越来越高，对中国形成了日益增大的国际压力。这些压力主要表现在：（1）中国在环境领域申请外部资金甚至技术援助的空间大大缩小。从全球环境基金的资金分配趋势看，已经明显压缩对中国各环境领域的资金量。受发达国家的“中国已从发展中国家毕业论”影响，加之对中国崛起的防范心理作祟，中国申请技术援助变得更加困难。（2）国际舆论对中国环境问题的关注增多，要求中国采取更大力度减排措施的呼声越来越高，甚至出现所谓“中国环境威胁论”。（3）在国际环境合作中，一些发达国家要求中国像发达国家一样向发展中国家出资，和它们承担类似的国际环境责任，这就是所谓的“中国环境责任论”。（4）在中国大力推进“一带一路”战略和组建亚投行的过程中，环境标准都会受到国际社会高度关注。这意味着中国在资本、产能和技术的输出中“转移污染”的空间大幅缩小，而在中国经历的对外开放进程中，发达国家向中国输入了大量污染。如果中国不能重复发达国家通过产业转移向外输出污染的模式，就必须探索出全新的国际经济合作模式，其中的挑战之大前所未有。在上述背景下，如何在维护本国发展权益和承担更大国际责任之间达到合理平衡，是中国参与全球环境治理面临的最大挑战。

三、中国参与全球环境治理的对策

展望未来，中国如何更有效地参与全球环境治理？以下从全球环境谈判和全球环境政策两个方面提出对策建议。

（一）关于全球环境谈判

第一，从被动响应转向主动应对。由于经验和人才的局限，中国以往在参与环境谈判时往往以“被动响应”为主：中方对议题的理解和研究能力有限，难以提出有效的应对方案，谈判方案以简单的同意或不同意为基调，缺乏富有针对性的论证和说明。经过20多年的锤炼，国内在全球环境治理的谈判和实践中已经培养了一批具有丰富经验的人才。同时，国内学术界在支持和跟踪政府谈判过程中，不断加强自身对相关问题的研究，现已具备对谈判进行基础性科学支持的能力。因此中国已可以根据自身及其他发展中国家的利益，设计环境国际合作的机制和实施进程，主动应对谈判过程，甚至引导谈判的方向。

第二，坚守“共同但有区别的责任”原则。借助多边环境公约与协定构建对发展中国家比较公平的合作机制，是发展中国家重新构建国际秩序的一个机会。中国作为发展中大国，可以利用其在国际舞台上日益增强的影响力推动公平机制的建立和发展。中国最早参与提出的“共同但有区别的责任”原则在多边环境公约与协定中的成功引用，即是这方面努力的显著成果。现在发达国家正在以经济低迷为由，试图与发展中国家承担相同的环境责任，这对发展中国家非常危险。以气候变化为例，发展中国家若在技术、政策、机制等方面没有做好准备之前，就冒然承诺与发达国家担负相同的环境责任，这意味着放弃未来清洁能源的技术市场、丧失相关资源的主导权。坚守“共同但有区别责任”的原则是保持国际环境公平和正义的底线。当然，坚守并不意味着僵化和一成不变，而是需要从机制运行上提出更多创新方式。气候变化领域有关温室气体减排的“清洁发展机制”就是这种创新的典范。

第三，以全球视野综合应对环境议题。环境问题跨越国界之后，永远与国际政治相伴。因此，在参与全球环境保护的行动时，对政治因素的考量必不可少。近年来，在全球环境谈判中，除了环境与发展问题外，有关环境与主权、环境与安全的关联性讨论越来越重要，环境领域的国际政治博弈日趋激烈。中国应加强相关问题的研究，将中国的利益置于全球框架下加以定义，从环境、经济、政治和安全等多角度对全球环境治理进行综合应对，力求在全球环境谈判中争取主动，扩大影响。

第四，增强对环境谈判的科技支撑。由于环境问题的技术性较强，科学信息的支撑对环境谈判的成败至关重要。目前中国与全球环境谈判领域相关的科学跟踪研究已取得一定进展，但科研工作还缺乏对谈判需求的准确对接，相关研究的前瞻性和支撑作用都亟待进一步提升。建立和加强中国在环境科学方面的权威性，可对中国参与相关领域的多边环境谈判起到关键的智力支撑作用。

第五，加强前沿领域的合作研究。从全球环境治理的发展进程来看，已经建立起来的环境合作机制的发起者几乎都是发达国家。正是靠着对环境领域前沿问题的敏感性和大量研究投入，发达国家才能够将自身利益巧妙地包装在全球治理的框架下，并利用联合国等国际平台，及时将治理的想法转化成环境法律等制度化的机制，既维护和强化了自身利益，又占据了舆论与道义的制高点。由于缺乏研究与准备，发展中国家在环境治理上往往不得不追随发达国家的步伐，处境被动。包括中国在内的广大发展中国家要真正从全球环境治理的追随者变成引导者，就必须提升自身对环境前沿问题的敏感度和研究能力。作为第一步，中国可借助西方在环境前沿问题上的研究优势，加强相关合作，尽快提升自身在这方面的能力。

第六，积极推动气候变化《巴黎协定》的落实。2015 年的巴黎气候大会是全球环境治理中的一件大事，其成败事关未来全球环境治理进程的走向。由于中国在国际气候谈判中发挥着举足轻重的作用，巴黎气候谈判的成功将成为近年来中国积极参与全球环境治理最具里程碑意义的成果。2016 年全球 100 多个国家签署《巴黎协定》，意味着全球进入气候变化应对的阶段。未来，中国仍需积极践行并推进全球行动，提升自身在全球治理中的作用。

（二）关于全球环境政策实践

第一，优化引进成效。最近十几年来，中国通过参与全球环境谈判，在引进国外先进环保经验方面加大了力度，在完善环境保护法律法规与政策、研发推广环境技术、提高公众环境意识等多方面都获得了国际援助与支持，这对我国改善环境治理、更新技术理念、融入全球环保主流等做出了有益的贡献。但从我国以往的履约实践来看，过多关注国外经验，过度重视对外国的学习和模仿，反而弱化了对相关经验的消化与吸收，以至于履约实践缺乏适用于本土的经验总结，令履约行动的示范效应和成果推广难获佳绩。因此，今后中国在对多边环境公约与协定的履约实践中，应将重点放到“先进经验的本土化”上，下大气力研究国内的实施环境与国外的差别，以及如何修正国外经验，这样才能准确地指导国内环保实践。

第二，确立中国作为南北环境合作桥梁的定位。相比其他发展中国家，中国的确在资金、技术及管理经验等方面从全球环境治理合作中获益较多。以平衡援助资源的分配为由，联合国等多边机构对中国的援助已经开始有意识地实行总量控制。但中国在环境改善方面的条件和能力确实还需要外部资源助推。在目前变化了的国际国内背景下，中国需要重新判定参与对策，以确保可能获得的外部资源。

中国多年来在全球环境治理合作中获得了丰富的实践经验，具备一定能力帮助更落后的发展中国家。中国以发展中国家身份在参与全球环境治理时获得的经验，对其他发展中国家也有典型示范意义。有针对性地对其他发展中国家开展援助，也符合联合国在环境援助方面的“种子”原则，可以成倍放大前期实践的效果。因此，如果中国将自身定位为南北环境合作的“桥梁”，符合中国在环境治理能力方面略优于其他发展中国家、但总体低于发达国家的现实，同时可保证国际援助资源得到有效利用及成效的可持续传承，吸引全球环境援助资源优先流入中国。

第三，统筹国际援助资源。目前发展中国家参与全球环境治理的资金来源主要为国际多边援助。与全球改善环境的任务相比，多边援助资金规模远小于需求。而中国在参与多边环境合作的同时，在双边环境合作方面也非常活跃，而且很多双边环境合作领域与多边领域重合。为了充分利用这些宝贵资源，需要对国内既有的不同渠道所获得的资金进行统筹，避免重复安排项目。统筹安排涉及到不同资金来源的管理部门，所以应当通过顶层设计，加强政府高层对资金投入领域的协调，提高国际援助资源的利用效率。

第四，大力培养全球环境治理事业的复合型人才。人才培养是个老话题，但如何培养人才却是需要在实践中不断调整和提升认识的过程。在参与全球环境合作实践中，中国已经从最初的引进探索阶段走到了深入实践阶段，因此对人才的培养需要做到国际化和本土化意识相结合。在多边环境公约与协定的履约实践中，除了一如既往地要重视相关人才的国际化意识（全球公民意识、外语能力、外交谈判技巧、环境技术等知识和经验的积累等等）外，还需要有针对性地强化人才的本土化意识（中国文化与传统、中国现代化发展道路的特点、国内环保实践经验的积累和总结等等）。只有兼具国际化和本土化意识的复合型人才才能担负起拓展中国参与全球环境治理空间、发挥中国作为负责任大国的环境影响力的重任。

最后，必须强调的是“打铁还得自身硬”。把中国国内的环境问题解决好，把中国的生态文明建设好，是中国有效参与全球环境治理的最佳途径。

四、中国实现生态环境治理现代化的启示

中国积极参与全球环境治理，为国内生态环境治理现代化的快速推进提供了机遇，也为环境治理现代化的具体化提供了有益启示。结合中国以工业污染为突出特征的环境恶化现状，和中国政府环境管理效率和能力的局限，全球环境治理现状的启示如下：

工业污染导致的环境治理问题在未来一段时间还将是较为主要的治理工作。《中国企业公民报告（2009）》蓝皮书提到，目前我国工业企业仍是环境污染主要源头，约占总污染比重的70%。据工业与信息化部2016年统计，工业是中国资源消耗、污染物排放重点领域。以大气污染为例，工业排放的烟粉尘、二氧化硫、氮氧化物分别占全国排放总量的90%、70%、85%。中国现有与民众生存直接相关的水、大气、土壤的问题，几乎全部来自于工业污染源导致的环境恶化。虽然相比工业污染防治，生态系统的修护、保护与良性运行是更根本的环境治理路径，但就人类生存的急迫性而言，污染防治在短期内作为要突出解决的重点环境问题，将要受到特别的关注。

生态环境治理中政府所发挥的作用不能替代。政府作为国家管理机器，对社会管理具有的资源调动能力，具有不可替代的优势。国家治理现代化理念提出之初，国内许多学者对第三方治理的强调弱化了政府在其中的作用，忽视了发达国家强调多元共治的前提是其政府管理的效率几近饱和、需要第三方来弥补政府管理对公共产

品市场失灵管理的先天缺陷。全球治理经验中体现出的政府所发挥的不可替代的作用，也一定程度上验证了本书以上中国生态环境治理现代化中有关“善政”与“善治”并举的内涵。

第三方（公众及社会组织等）参与治理的必要性。由于政府管理的“天花板”效应，对生态改善相关的公共产品的市场失灵，政策和管理手段不能扭转对生态资源的过度使用、不能使环境改善的外部性内在化。第三方的加入，通过对自身享有良好的环境权益的维护，在日常生活中对生态环境保护的参与和对污染、破坏行为的监督，与政府对第三方相应权益的维护机制相配合，来避免环境治理的市场失灵，以完成对环境保护的良好治理。

环境外交对一国生态环境治理效率的提升和可持续发展的推动作用不可忽视。以往在全球环境治理中，都是发达国家对发展中国家提供“道义”的援助，以支持发展中国家的环境改善。但随着全球资源萎缩及其带来的全球经济发展的转型，包括发达国家在内，都积极利用环境外交，进行技术和管理经验的交流，通过提供“绿色管理和技术”来获得未来市场的决定权，为自身可持续发展争取更多的空间。因此，环境外交对中国学习借鉴先进经验和激励自身尽快实现生态环境治理目标，进而在未来全球低碳绿色市场中赢得机会，是必不可少的平台。

第四章　典型国家的环境治理经验及对中国的启示

自从人类进入工业文明以后，各国无论大小都把工业经济作为本国财富累积和民众福祉提升的源泉。发达国家较早发展工业，对自然资源的过度索取和对环境无节制的利用，导致的环境恶化问题也较早出现。美国、德国、日本、韩国分属地球不同区域的发达或新兴经济体，采用的社会经济发展模式涵盖了从自由经济、社会市场经济、国家市场经济，到政府主导的市场经济，包含了从“放任”到“管控”的渐进严格的政府管理模式。由于经济社会发展模式，对一个国家整体的管理模式是决定性的，因此这几个国家对环境保护的政府管理，也是从宽到严的演变。将这几个国家的经验作为案例研究，基本能够包含当今政府管理的所有典型模式，并能够较为全面地呈现全球环境治理成功经验。

中国经历了近40年改革开放的快速发展，在环境方面累积的问题几乎可以涵盖以上国家遇到的所有难题。加上解决环境问题的同时，必须兼顾经济转型的推动，最终达到环境保护和经济发展相互支撑、协调推进的目的，因此中国环境相关问题的解决，难以照搬其他国家的方法，但可以借鉴其中的一些逻辑思路和方法，为我所用。在总结这几个典型国家的相关经验的过程中，既可以从政府管理宽松和严谨的角度对比分析政策手段的采用和实施在各种情景下如何才最有效，也可以在其中找寻各国相对通行有效的生态环境治理经验。

第一节　美国

在美国成为世界第一大经济体的过程中，农业、矿业、交通运输等行业都取得了巨大的发展。这些行业的发展都以土地及环境为基础和代价。在农业方面，大量的土地被开垦为农田、棉田，并种植谷物、小麦、棉花等农作物。在矿业方面，美国在西进过程对土地的使用和破坏达到了前所未有的程度。例如，1852 年加利福尼亚采金者发明的水龙带和喷枪，可以利用高压水流成段地冲塌沙砾河岸，使之成为易于淘金处理的碎块。这种设备的应用，虽然大大提高淘金效率，却给地表土层带来毁灭性的灾难。[①]

美国人对环境问题的关注在 19 世纪就已经开始，只是当时集中于土地、森林等与直接经济利益相关的自然资源的保护和合理使用方面。第二次世界大战结束后，随着军备竞赛的加剧、工业的急速扩展、生育高峰的到来和人口的迅速膨胀，美国的资源和能耗也以几何级数递增。一方面导致资源和能源的危机，另一方面也产生了大量的工业和生活垃圾，对环境造成了一定的污染。20 世纪四五十年代，空气污染成为美国最主要的环境问题，到了六七十年代，空气污染已被核污染和化学污染所取代。美国政府最初对环境问题的管理主要体现在卫生健康方面。但对卫生健康的管理由于没有触及环境污染治理的根本问题，难以解决不断恶化的环境问题。同时环境管理与工业发展的矛盾性，又限制了政府在这方面真正投入。随着公害事件不断发生，范围和规模不断扩大，越来越多的民众开始感觉到自己正处在一种不安全、不健康的环境中。

20 世纪 70 年代，美国因为环境意识高涨，大量环境保护法规得以颁布实施，并且由于对环境问题的积极应对。美国曾是世界上环

---

① 王曦：《美国环境法概论》，武汉大学出版社，1992 年版，第 4 页。

境保护政策最为先进的国家，而且至今还是环保产业发展最为发达的国家之一。

一、法律制度

美国国内最早对环境的关注是荒野开拓、森林砍伐和野生动物残杀带来的环境恶化。与之相对应，法律最早的关注点也从这些方面开始：与土地有关的自然环境问题。如 1864 年，林肯总统签署的将约塞米蒂山谷和马里波萨县巨杉林作为第一个被国会独立分隔出来的预留地保护的拨款（在最初几年里它是加利福尼亚州一个州立公园）；1871 年，美国国会通过的《关于保护并保存美国海岸食用鱼类的共同决议》等。但这一时期（19 世纪末到 20 世纪初），美国正在从农业社会向工业社会转变，对环保的认识还很肤浅，工业生产、运输给人们造成的污染及其损害还不能被人们充分认识。公众没有普遍认识到环境的重要性，更没有广泛参与到环境保护中来，环境法产生的动力缺乏社会基础，一方面造成相关细化法律的缺乏，另一方面保护行动难以落实，以至于环境状况持续恶化。

二战后，美国经济快速发展，工业污染物向环境大量排放，美国发生了严重的污染事件，使政府不得不采取主动措施加以治理。1948 年 10 月 27—31 日，位于宾西法尼亚州西部山区的工业城市多诺拉（Donora）发生了严重的空气污染事件，造成该镇 14000 名居民中近一半患病、20 人死亡。1952 年 12 月的一次光化学烟雾事件中，洛杉矶市 65 岁以上的老人死亡 400 多人。1969 年，美国圣巴巴拉海发生了严重的海洋污染事故，造成大量海鸟死亡。这些空气污染事件造成的人员和动物死亡令世人震惊，唤起了全体美国人对污染的注意，从而为全国性的环境保护立法奠定了公众基础。二战结束不久，美国政府制定了一系列法律，例如 1948 年《水污染控制法》、1955 年《空气污染控制法》等，但法律内容大都集中于调查、研究、推荐、建议等方面，难以真正对现实的环境治理起到约束作用。

直到20世纪六七十年代，全面保护环境成为这一时期环境立法的基本任务，环保工作才被纳入法制轨道。这时期也是美国环境立法最为集中的十年，先后通过和制定的环境保护及相关法案达数十部，几乎讨论、修订、制定了迄今美国所有重要的环境法律，构建了美国环境保护的基本法律体系。1969—1979年期间，美国通过了27部环境保护法律和数百个环境管理条例[①]。美国国会于1955年制定的《大气污染控制援助法》，于1963年经全面修订后（更名为《空气污染防治法》），国会又对之不断进行修订，为美国的空气污染治理奠定了较为全面的法律基础。1948年制定的《联邦水污染控制法》，在这一时期也不断被修订、完善，大大加强了联邦政府在控制水污染方面的权力和作用，并确立了关于水污染控制的基本法律制度。[②]

这一时期修订、制定的法律中，最有决定性意义的是1970年签署的《国家环境政策法》，它是美国环境保护的“宪法”，被一些学者称之为美国环境保护领域的“大宪章”[③]。这部法律的颁布标志着美国环境保护全面统一立法的完成，同时也推动美国的环境保护由“事后治理”为主转变为“事先预防”为主。《国家环境政策法》分为前言和两节正文，共15个条款。前言部分阐述了立法目的：“本法的目的在于：宣布一项得以推动人类与其环境之间建立多产而令人愉悦的和谐的国家政策；促进人们在预防或消除对环境与生物圈的损害、增进人类的健康与福祉方面做出更多的努力；增进人们对生态系统及自然资源对国家的重要性的了解；设立环境质量委员会。”相比以往，这部法律在环保理念方面提出了“人与自然的和

① ［美］Kubasek N K，Silverman G S. Environmental Law：Fourth Edition，清华大学出版社，2003年版，第115页。

② 薄燕：《美国国会对环境问题的治理》，《中共天津市委党校学报》，2011年第1期，第61页。

③ Peter Borrelli. Environmental ethics-the oxymoron of our time（book review）［J］. Amicus J.，1989（Summer）：39－41.

谐”，治理主体方面提出了“政府、个人、组织”等多样主体，提出涵盖环保以及其他机构在内的保护环境的职责，并提出建立环境质量综合协调部门“环境质量委员会”。

在《国家环境政策法》的指导下，此后美国的环境法分为了两个大的支系，一个是污染控制法，另一个是资源保护法。其中污染控制法包括《联邦水污染控制法》《联邦农药法》《清洁空气法》《噪声控制法》《安全饮用水法》《海洋倾倒法》《资源保护和回收法》《综合环境反应、赔偿和责任法》《有毒物质控制法》《职业安全和健康法》等等。这些污染控制法涵盖了所有环境介质：空气、土壤和水，也涉及到了当时几乎所有的环境污染源，如农药、废弃物、噪音。这些法规的出现，使美国生产生活所带来的污染几乎全部置于法律的管制之下。而资源保护相关的法律主要包括《国家公园管理法规系列》《国家野生动物庇护体系管理法》《濒危物种法》《多重利用、持续产出法》《森林、牧场可更新资源规划法》《联邦土地政策和管理法》《合作林业援助法》《原始风景河流法》《荒野法》《露天煤矿控制和复原法》《海岸带管理法》等等。此外，资源保护法与有关资源开采的经济法相结合构成了美国的资源保护法体系，加强了政府管理及控制资源开发和利用活动所造成的对环境的负面影响。除联邦层面的环境法以外，州政府也会根据各自的情况制定相关法规，一般比联邦法定的标准更高、更苛刻，成为联邦环境法的一个重要补充。[①]

美国这一时期环境法律体系的高效，除了源于法律内容本身的完备，环境法与行政法之间的相互影响也不可分。《国家环境政策法》规定，联邦行政机关必须遵守该法所设定的国家环境政策，并在制定或实施对环境造成重大影响的行为时，必须履行“国家环境

① 沈文辉：《三位一体——美国环境管理体系的构建及启示》，《北京理工大学学报（社会科学版）》，2010年8月12卷4期，第79页。

政策法程序”或称“程序”，即对其行为进行环境分析和说明，确定该行为对环境造成的影响。如果行政机关的行为对环境造成的影响无法达到法律要求，就不得实施该行为。因此，环境法对行政法产生了非常重要的影响，并使环境因素深入到联邦行政决策的整个过程。另外，美国的许多环境法律条文，都明确了公民的环境诉讼权，目的在于监督行政机构。同时，法院减弱了对于环境诉讼主体资格的要求，使得个人和团体更容易提起和参与环境诉讼（运用较多的有《濒危物种法》《国家环境政策法》等），也使得美国的环境法律更加有利于环境改善的方向。

1990年以后，美国的环境立法进展很小。在政府层面，民主、共和两党在环境立法上的共同立场已不存在，取而代之的是两党在环境立法上的分歧越来越大。支持严格的环境管理的民主党派近年来的实力不断下降，支持企业诉求的共和党派对环保行动持谨慎态度。由于政党之间的僵持不下，共和党对环境法的弱化行动没有占优势，民主党试图强化环境法的措施也没有成功，导致美国的环境政策大多以“非正统”的方式体现。[①] 但美国在20世纪70年代所构建的环境法律体系如今还能支撑美国的环境治理，也说明美国环境法律体系的有效性和超前性。

如果说，这20多年来，美国环境法的制定和实施受到一些因素的冲击的话，那就是以议会随机立法的“非正统”方式，使法律日益变得复杂，在法律和政策方面优先次序的排列较为混乱，使得环境主管部门的执行较为困难。企业和环保团体由此产生的批评也不断升级。这就对政府（尤其议会主导下的法律制度）出台环保法律制度的程序和效果提出改革的要求。主要涉及到制定、公布对发展有重大影响的环境法律政策时，进行成本、效益、风险等全面评价相关的内容。但政党意见的相左，使得即使这样的改革也困难重重。不过，安全水饮用法等个别领

① 朱源：《美国环境政策与管理》，科学技术文献出版社，2014年版，第27页。

域，由于对社会影响较大、受到的关注也强烈，其相关的法律就得到了较好的推动。因此，对于全面性改革的困难而言，个别领域的突破也不失为好的动向。

二、管理机制

（一）管理机构

1970年，尼克松总统把分散于农业部、健康部、教育部和福利部（即现在的健康与保健部）、内政部及原子能委员会、联邦放射物管理委员会、环境质量委员会等部门的环保职能集中到环保局。目前，美国环保局的职能主要有：制订和监督实施环境保护标准，组织环境科学研究，对州和地方政府、私人团体、个人和教育机构控制环境污染的活动提供政策指导和资助，协助国家质量委员会向总统提供和推荐新的环境保护政策等。美国的环保机构自上而下依次为：美国联邦环保局，联邦环境分局，州环保局，州环境派出机构，州、市环保机构。从成立以来，美国环保局的职能不断加强。

美国联邦环境保护局由13个部门组成：局长办公室、财务办公室、法律咨询办公室、监察办公室，以及行政与资源、空气和辐射、执法与守法保证、环境信息、国际事务、预防/农药/有害物质、研发、固体废弃物/紧急反应和水资源办公室。环保局设局长一名，负责环保局的全盘工作，直接向总统负责；副局长一名，辅佐局长；下设九名局长助理，分别管理上述九个职能部门。另外，环保局还设一名总法律顾问和一名监察长。这些职位均由总统提名并经过参议院的认可。由于得到联邦政府的授权，并直接向美国总统负责，其具有较强的独立性，从执法机构的地位看，联邦环保局比其他联邦政府的执法机构地位更高①。

在总统办公厅之下还设立了总统环境质量委员会。该委员会是

① U S EPA. EPA organizational chart [EB/OL], http: //www. epa. gov/epahome/organization. htm, 2015年10月1日。

总统的一个环境咨询机构，协助总统编制国家环境质量报告，收集、分析和解释有关环境条件和趋势的情报，向总统提出有关改善环境的政策建议，帮助总统起草有关对外环境政策的报告。同时，该委员会还是一个行政机关间的协调机构，帮助总统协调解决行政机关间有关环境影响评价的意见分歧。

在地区层面，主要是州环保局。州环保局的主要职能是：经授权代表联邦环保局执行联邦环保计划或执行自己的环保计划，自主制定州的环境法律，监督环境状况，颁发许可证，确保环保计划得以实施。事实上，州环保局是环境法的主要执行者。据统计，90%以上的环境执行行动由州启动，94%的联邦环境监测数据由州收集，97%的监督工作由州开展，大多数环境许可由州颁发[①]。州执行环境法的权力大多来自联邦环保局的授权，而且州必须首先采纳与联邦一致的法律法规并证实自己具备有效执行该联邦项目所需要的财力和人力。[②] 每个州有足够的执法能力，并与联邦政府一样，可以提供信息、举办听证会等。但即使每个州在立法中全部采用环保局的标准和方法，环保局也会在该州执法中起监督角色，这是州政府所不能取代的。

州环保机构不隶属于联邦环保局。为了能更好地回应地方所关心的问题，美国联邦环境保护局下设十个区域分局，作为州环保机构与联邦环保局之间联系和协调的纽带，综合管理全国的环境事务。每个地区办公室的机构组成都与联邦环保局的结构相仿，分局局长向联邦环保局长负责。环保分局的主要职责有：进行环境管理；发放许可证，起诉违法行为，执行审判结果；管理有害废物清除；检查联邦项目对所在区域的环境影响，为州、地方及私人组织补助资

---

① Steven R. Brown. In search of budget parity：states carry on in the face of big budget shifts，ecostates［J］. The Journal of the Environmental Counsel of States，Summer，2005：3－5.

② Mary A. Gade. History and organizational structure of the United States environmental protection agency［R］. Sydney：The University of New South Wales，1992：62.

金。政府的各个部门都设有环保机构，都负有保护环境的法定职责。如司法部就设立了环境与资源局，其主要职责就是帮助政府打环境官司。

（二）管理机制

美国的环境管理分为预防和监督执法两条线。预防通过宣传（培训）、激励和环境守法监测来实现，而监督执法则在政府和公众共同参与违法监督的基础上，由政府实施执法职能来实现。

美国的环境预防管理，非常注重公众意识的提升。即通过宣传、培训、创建线上（网络资讯）线下（电话、听证会等）等平台，向公众传递环保常识、责任与权利等，以提升公众维护环境的意识和主动保护环境的自觉性；再通过对环境守法者进行奖励、补贴等手段来激励环境守法行为；并通过环境状况的监测及评估，来检查监督环境守法状况。以上三方面的预防管理，从思想、行动上降低环境违法行为的概率，对环境问题起到了提前预防的目的。

监督执法管理，则通过政府及公众的监督和政府的执法来实现。其中政府监督通过定期定点的监测及公众违法举报来实现，而公众监督则由公众通过公开的环境状况及其信息来判断是否有危害环境的行为出现，并采取举报或诉讼的行动。执法方面，主要通过政府来实现：对违法程度较轻、造成的危害较小的行为，一般通过电话通知、检查、发出警告信和违法通知等方式促使违法者纠正违法行为，不具有惩罚性；对于危害较大的行为，实施具有强制意义的行政、民事或刑事行动。行政行动指环境执法机构依据法定权限，要求被管制者在规定期限内采取纠正措施，并可对违法者进行物质上、资格上的惩罚。具体包括，罚款、命令违法者停止违法行为、限期整改、撤销许可证等。民事行动主要有强制令和民事罚款制裁，它们往往应用于重大违法行为。美国环境保护法规定，对重大的违法行为，执法机构只能做出处罚决定，最后的决定权由法院掌握。刑事行动用于最严重的违法者，刑事执行行为主要有罚金、监禁和两者并罚。

二战后，美国加强了对环境违法的管理。但联邦所采取的罚款或监禁等措施，由于行使的行政权力程序过于复杂，惩罚较轻，不足以威慑违法行为，如《1963 年清洁空气法》对于污染者几乎没有有效惩罚。但在 1970 年统一环境管理职权后，美国加重了对违法者的处罚力度，如《1972 年联邦水污染控制法修正案》规定，没有许可证而排放污染物，或违反许可证条件排放污染物的，可处以每天最高 1 万美元的罚款。对于故意或过失违反的初犯，可以将罚款提高到每天 2.5 万美元，并处以一年以内的监禁。对于继续违法者，可以处以最高每天 5 万美元的罚款和两年的监禁。[①]

三、环境政策

20 世纪 70 年代是美国环境政策制定和实施的黄金时期。美国典型的环境政策主要包括：环境影响评价制度、排污许可证制度、总量控制和排污交易制度、有害废弃物全过程管理及超级基金制度、环境税制度等。

（一）环境影响评价制度

美国 1969 年确立的环境影响评价制度，是全球最早出现的同类制度。不仅是环境影响评价制度本身，其所包含的以政府为评价对象、公众参与、替代方案等内容，也都开创了全球环境管理的先河。尤其在行政管理程序的影响方面，环境影响评价制度成功地把联邦政府部门的决策过程公开，以供公众审查。公民和非政府组织能够获得更多的关于政府部门提案的信息，而且也能获得影响这些提案的机会。这无形中对政府部门的自身管理形成压力，促使它们按要求行使职能，并尽力保障管理效率。由于对环境管理的成效显著，

---

① Jerome G. Rose, Legal Foundations of Environmental Planning. Center for Urban Policy Research Rutgers, The State University of New Jersey, 353, 1983.

美国环境影响评价制度被全球超过 80 个国家效仿，且被 1992 年的联合国环境与发展大会的《里约宣言》所确认，也为世界银行和亚洲发展银行以及其他国际机构所采用，成为全球环境法律的核心制度。①

在美国，环境影响评价制度是 1969 年尼克松总统签署的《国家环境政策法》中的核心环境管理制度。美国的环境影响评价制度，主要针对政府行为产生的环境影响进行评估。《国家环境政策法》规定“联邦机构要尽最大可能在项目设计和实施中考虑环境因素”，并要求所有造成显著环境影响的联邦机构活动都需要准备环境影响报告，使得所有的联邦行政机关在决策过程中都需要将环境因素的考虑纳入其中。

美国的环境影响评价制度范围包括：项目环评、规划环评及战略环评，涉及法律草案、拨款、国际条约和重要的联邦活动，而内容则包括环评对象、公共参与、替代方案等，核心工作是编制环境影响报告。美国的法律草案和国会拨款，在早期都被要求进行环境影响评价，但由于《国家环境政策法》的管辖权不包括这些内容，后来基本没有开展。关于国际条约，1991 年克林顿总统颁布 13141 号总统行政令，规定综合的多边贸易协定、双边或多边自由贸易协定、自然资源的重大贸易自由化协定都需要在签订前进行环境审查。美国政府 2000 年发布的《实施 13141 号总统行政令的执行导则》对国际公约的审查内容做了详细规定。关于重要的联邦活动，《国家环境政策法》规定显著影响环境质量的联邦活动的提案。

关于环境影响评价的对象，美国环境质量委员会做出了清晰的划分，包括政府制定和主导的政策、计划、规划和项目。其中政策包括规则、规定、各类国际协议、表明联邦机构政策的正式文件等。计划包括联邦机构准备和批准的、指导和规定资源利用的文件。规

① 赵绘宇、姜琴琴：《美国环境影响评价制度 40 年纵览及评介》，《当代法学》，2010 年第 1 期，第 133 页。

划包括执行某项政策或计划的规划、安排联邦资源以执行规定的法律条文或行政命令相关的联邦决定等。项目包括联邦机构批准、决定（部分）资助的项目。

按照美国的环境影响评价制度要求，充分征求和考虑公众意见贯穿于编制环境影响报告书的整个过程。公众在环境影响报告书制作过程中的监督作用是美国环境影响评价制度成功的关键。公众在最初的阶段就参与到环评程序中，对纳入环境影响评估范围的环境因子提出建议、对国家环境政策性文件发表看法、参与环境政策相关的听证会或参加公开集会、将自己的看法直接提交到相关领导机关，而这些机关必须考虑公众在提交限期内提出的对环境政策的看法。由于环境影响评价制度存在，使得联邦计划必须接受公众审查，强化了联邦政府的责任和透明度。公众的评价能使联邦政府机关意识到本来可能会被忽视的信息，并使其监督能在不知不觉中推动联邦政府机关做出更好的决策。环境影响评价制度的存在和公众的充分有效参与，推动了美国政府决策的合理性和科学性。

替代方案是美国环境影响报告的关键内容之一，它指能够达到与拟评活动相同目标的其他可供选择的备选方案。环境影响评估中替代方案的提出情况将会决定随后的决策程序。如果没有替代方案用来与拟议活动方案进行比较、选择，也就无法就审核的方案做出合理的判断和决定。而且替代方案的讨论能鼓励分析者将分析重点放在所选择方案与替代方案之间的差别上。它允许没有直接参与决策制定的人们评估拟建项目的各个方面以及参与决策的制定。此外，它还为主管部门的决策提供了一个参考框架。尤其是，如果在项目建设或运行阶段中出现不可预见的困难，对替代方案进行重新审视有助于得出快速、经济的解决方案。因此替代方案是环境影响评价制度的关键内容，对实现科学决策有重大作用。

（二）排污许可证制度

排污许可制度在美国的水、大气等多个领域得到广泛应用，并取得了显著成果，被认为是美国环境管理最为有效的措施之一。美国的许可证是进行有效环境管理的重要载体，有利于政府执法和企业的守法，还可以让公众部分分担违规行为的监督责任。美国在许可证的实施上也有诸多值得借鉴的经验。比如，在许可制度的实施和企业守法方面都给予了州和企业充分的准备时间，以保证许可证规定的内容能得到遵守，维护了许可证的严肃性。

排污许可证制度于 1972 年被纳入《联邦水污染控制法修正案》中，当时主要针对水体的点源污染。美国国会于 1977 年对该法案进行修订，最终形成美国防治水污染和实施水污染排污许可制度的法律基础，即《清洁水法》。[①] 1990 年，美国国会借鉴《清洁水法》又修订《清洁空气法》，确立了针对大气污染物排放的许可证制度。

按照水污染排污许可制度规定，没有获得许可的点源，不允许排放水体污染物。许可证中包含有排放污染物的数量限制、种类、特征以及其他要求等。针对个别企业与所属类别有本质差异时，可以向联邦环境署申请“例外许可”。但由于有别于一般情况，主管部门需要评估申请者的生产和技术等情况，才能做发放的决定，因此申请程序一般需要三年左右。为了控制面源污染，政府制定了日最大许可污染负荷。《清洁水法》要求各州识别对于一般污染物的排放限制还不足以达到水质标准的水体，并对这些水体的污染物建立最大日许可污染负荷，即可承受的最大污染量。[②] 最大日许可污染负荷，将点源、面源和自然承受等因素考虑其中，保证在最大排放的情况下水质不超标。

美国联邦环保局在相关法律的授权之下，对于排污的设施和设备按照一定的条件和要求签发联邦许可证。联邦环保局可将全部或一部分签发许可证的权力授权州或地方政府执行，前提是州或地方

---

① EPA Water Permitting 101，http：//water. epa. gov/polwaste/npdes/basics/upload/101pape. pdf. 2015 年 10 月 13 日。

② 朱源：《美国环境政策与管理》，科学技术文献出版社，2014 年版，第 55 页。

政府应有相应的或更为严格的污染物排放标准，并且执行机构有能力执行这些标准。各州和地方政府可就权限下放提出申请，联邦环保局将于接到申请之日起 90 天之内，决定是否授权州或地方政府签发许可证。若申请予以准许，则将由州或地方政府在管辖范围内自行签发许可证。若申请被驳回，仍由联邦环保局负责签发在该范围内的许可证。[①] 在水污染排放管控领域，尽管各州所获授权的情况略有不同，但绝大部分州（46 个州）已获得全部或部分授权，可自行签发水污染排放许可证。[②]

美国的许可证制度十分重视公众参与，并有完善的信息公开机制和救济程序来保障公民在许可证制度实施过程中贯穿始终的参与权利。美国许可证的许可条件中明确要求赋予公民参与的权利，公民可以通过提交公众建议、参加听证会或参与许可证修订等方式，从授权过程的初始阶段就可行使参与权。[③] 美国许可证制度把信息公开贯穿于排污许可制度的始终。联邦环保局制订了关于参与方法与步骤的详尽指导和相关文件。各州或地方被授权的情况以及授权当局主要负责人的联系方式，都可较为容易地从环保局官网获得。《清洁水法》中对许可证申请人及持有人都规定了严格的提供排污信息的义务。美国排污许可制度中的许可条件，明确要求给予公民向联邦环保局提起撤回许可证请求的权利或向法院提起诉讼的权利。

对违反许可证行为实施严厉处罚是许可有效的重要保证，但许可证对企业的合法权利也有保护作用。美国运营许可证中设有“保护盾”条款对持证者给予免责。只要持有明确规定相关适用

① EPA. NPDES Home，http：//water. epa. gov /polwaste /npdes/. 2015 年 10 月 12 日。

② EPA. NPDES Home，http：//water. epa. gov /polwaste /npdes/. 2015 年 10 月 12 日。

③ EPA. Interested Citizens. http：//water. epa. gov/polwaste/npdes/basics/Interested-Citizens. cfm. 2015 年 10 月 14 日。

环境要求的许可证，污染源将不受关于违反相关适用环境要求的执法、诉讼或公民诉讼的侵扰。排污许可证的救济事项，对于未被批准的许可证，申请者可以向联邦环保局环境上诉委员会提出复议。

此外，排污许可证制度在大气污染治理方面也得到强制应用。《清洁空气法案》1990 年修订案借鉴《清洁水法》中关于“许可证”的相关经验，增设了运营许可证，并对新源审查许可证进行了修订，形成了完整的大气许可证章节。大气许可证管辖了美国所有的新建、改扩建企业。美国《清洁空气法》是大气许可证的法律依据，它规定了两类许可证：建设前许可证和运营许可证。建设前许可证主要适用于新建排放源或者现有排放源的改扩建；运营许可证所管控的对象则是现有排放源。

（三）排污交易和总量控制制度

美国是最早开始排污权交易理论研究的国家，也是排污权交易制度创新的发源地，其理论研究和实践发展基本可以代表该领域理论和实践发展的脉络和最高水平。20 世纪 70 年代中期以后，美国政府首先在大气和水污染治理领域中尝试实施排污权交易。

美国的排污交易制度发展分为两个阶段：20 世纪 70 年代中期至 80 年代末，通过“泡泡政策”“补偿政策”“储蓄政策”“净额结算政策”等[①]完成排污交易制度的基本概念和原则的建立。其中，“泡泡政策”规定，如果不增加排污总量，可同意改建厂不执行新污染源标准；“补偿政策”是指以一处污染源的污染物排放削减量来抵消另一处污染源的污染物排放增加量或新污染源的污染物排放量，或是允许新建、改建的污染源单位通过购买足够的“排放削减信用”，以抵消其增加的排污量；“储蓄政策”是在法律上对排污人所享有的

---

① 陈维春：《美国排污权交易对我国之启示》，《华北电力大学学报（社会科学版）》，2013 年 12 月，第 2 页。

对富余的削减量的所有权予以承认，这既有利于交易活动的正常进行，也有利于激励排污人使用新技术、新工艺，以获得经济效益和环境效益的平衡增长；“净额结算政策”是指只要污染源单位在本厂区内的排污净增量并无明显增加，则允许在其进行改建、扩建时免于承担满足新污染源审查要求的举证和行政责任，它确认排污人可以用其富余的污染物排放额度来抵消扩建或改建部分所增加的排放量。

到了20世纪90年代，随着美国大气污染问题的严峻，排污交易制度与总量控制制度一同得到进一步细化和推动，并成为污染物控制过程中互为支撑的制度。美国在《清洁空气法》1990年修正案中增加了酸雨控制的内容。酸雨排放控制成为美国第一个全国范围内的排污交易项目。加利福尼亚州南海岸大气质量管理区最早开始落实这一政策。1990年，加利福尼亚州南海岸大气质量管理区创建和实施了总量控制和配额交易政策，对当地的大气污染进行控制。[①]加利福尼亚州的1610规则规定，报废老旧汽车可以获得大气污染物排放配额。区域清洁大气激励市场规定了所有现存污染源的减排配额，如果污染源超量排放，则需要购买配额。配额既可以从其他污染源购买，也可以从报废汽车中获得。随着加州这一制度的逐渐有效实施，二氧化硫和氮氧化物等常规污染物被纳入其中，并取得了显著的减排成效。最初的实行中，采取惩罚和鼓励等诸多措施来保证成效。以二氧化硫控制为例，参加的企业被要求都要安装大气污染连续监测仪，对于监测到的违法行为，将有强力的惩罚。而鼓励措施规定，对于采用可再生能源、1995年前的单位能源排放低于规定值的，可获得配额奖励。[②] 联邦环境署的统计表明，1970—2007年，全美的限控污染物总排放下降了25%。伴随这一成果的是，全美国内生产总值增加161%、能耗增加42%。[③]

---

① 朱源：《美国环境政策与管理》，科学技术文献出版社，2014年版，第55页。
② 朱源：《美国环境政策与管理》，科学技术文献出版社，2014年版，第53页。
③ 朱源：《美国环境政策与管理》，科学技术文献出版社，2014年版，第56页。

美国的排污权交易制度发展到最高水平是以2003年成立的“芝加哥气候交易所”为标志。它是全球第一个具有法律约束力、基于国际规则的温室气体排放登记、减排和交易平台。2004年，“芝加哥气候交易所”又建立了“芝加哥气候期货交易所”，不久之后获得美国商品期货交易委员会批准，进行了空气污染物的期货合约交易，进一步促进了大气污染排放交易市场的活跃和扩大了市场交易范围，在交易成本不断下降的同时，使得大气环境取得综合的治理成效。

（四）有害废弃物全过程管理及超级基金制度

美国的有害废弃物全过程管理制度在1976年颁布的《资源保护和恢复法》（由《固体废物处置法》修订并更名）中确立。有害废弃物全过程管理是指有害固体废物的产生、运输及处理、储存和处置的系统管理。这一制度中所提到的“从摇篮到坟墓”的理念，后来被包括中国在内的很多国家所采纳。“拉弗运河事件”[①] 引致全美对废弃污染场地的高度关注。1980年，美国政府出台《环境应对、赔偿和责任综合法案》（通常称为“超级基金法案”）。从环境监测、风险评价到场地修复都制定了标准的管理体系，这为美国污染场地的管理和土地再利用提供了有力的支持，其方法体系亦被多个国家借鉴和采用。美国超级基金制度取得了很大的成绩，是世界上最具代表性的污染场地管理制度，是多数国家建立土壤污染管理制度的范本。

与《环境应对、赔偿和责任综合法案》实施相配合，并在该法

---

① 1942—1953年，美国纽约州的胡克化学公司在拉弗运河中弃置了21800吨化学废物，后将该处“设施”以一美元的价格出售给尼亚加拉瀑布学校董事会，而后该董事会在拉弗运河上建造了学校，周围也发展成为居民区。期间，贮存于地下的化学废物开始侵蚀容器，渗入土壤，对当地居民的健康造成危害，居民癌症的发病率与死亡率较高，学生也经常生病。到20世纪70年代末期，经过多年的雨水冲刷，化学废物已经渗入到住宅地下室，并形成毒气释放，成为轰动全美的“拉弗运河事件”。

案的指导下，随后美国建立了超级基金场地管理制度。超级基金制度授权美国环境保护局对全国污染场地进行管理，并责令责任者对污染特别严重的场地进行修复。该法同时规定，对于特定的场地污染责任人具有无限期的追溯权力，只有找不到责任者或责任者没有修复能力的，才由超级基金来支付污染场地修复费用。对不愿支付修复费用或当时尚未找到责任者的场地，可由超级基金先支付污染场地修复费用。

为保障超级基金制度的实施和资金的充分落实，美国政府随后补充制定了一系列配套行动计划以强化和促进该制度的实施。例如，1986 年颁布的《超级基金法案的补充与再授权》规定，超级基金的经费主要来源于国内生产石油和进口石油产品税、化学品原料税、环境税，常规拨款、从污染责任者追讨的修复和管理费用、罚款、利息及其他投资收入等也是超级基金的部分来源。

美国超级基金污染场地包括两部分：属于企业或私人拥有的场地的常规场地以及联邦设施场地。超级基金制度具有无限期的追溯权力，使其成为非常严厉的制度。按规定，在超级基金场地管理的各阶段，需通知潜在的责任者参与相关管理事宜，同时及时向公众公布在污染场地上将要采取的措施及各项决定。超级基金制度为可能对人体健康和环境造成重大损害的场地建立了《国家优先治理顺序名单》。该名录定期更新，每年更新两次。超级基金制度对于解决美国的污染场地问题具有不可替代的作用，该项目永久性地治理了近 900 个列于《国家优先治理顺序名单》上的危险废物设施，处理了 7000 多起紧急事件[①]。

（五）环境政策评估制度

环境政策评估对于改进环境政策的设计，克服环境政策运行中

---

① 王曦、胡苑：《美国的污染治理超级基金制度》，《环境保护》，2007 年 5B，第 67 页。

的弊端和障碍，增强环境政策的活力和效益，提高环境政策效率水平具有十分重要的作用。为了评估环境政策的效果、实现使政策的决策科学化的目标，美国历届政府出台了相关行政命令促进政策评估工作的开展。1981 年里根总统出台的行政命令 12291 文件、1993 年克林顿总统出台的行政命令 12866 文件、2011 年和 2012 年奥巴马总统出台的行政命令 13563 文件和 13610 文件，都对各部门的政策评估工作进行了规定，这些部门也包括环境保护署（EPA）。此外，美国还以法律的形式促进评估工作的开展。其中，《监管知情权法案》要求管理和预算办公室对政策进行成本效益分析，其本质也是通过对比成本和效益、衡量政策的效率的一种评估。其他一些法案则针对某些特定的政策提出了评估要求。例如，《清洁空气法案修正案》《饮用水安全法案修正案》都要求针对特定法案进行成本效益评估。

美国设置了专门的负责政策评估的组织部门、执行部门。根据美国政府部门颁布的行政指令 12291、12866 等文件，管理和预算办公室（OMB）负责指导各部门的政策评估工作，基本任务包括：明确评估范围、制定评估导则、监督评估执行。[①] 美国 EPA 根据 OMB 的科学指导，定期向 OMB 提交环境政策评估报告。环境政策评估工作主要由 EPA 的政策办公室（OP）的调控政策和管理办公室（OPRM）和国家环境经济学中心（NCEE）执行完成。其中，OPRM 负责政策分析，科学指导政策的决策过程；NCEE 主要负责研究成本效益量化分析方法。[②] 因此美国的环境政策评估主要侧重于内部评估，在 OMB 的指导下，EPA 下属各部门负责具体执行环境政策评估工作。当涉及到具体的进行某一项评估工作时，除了 NCEE 等官方

---

① Office of Management and Budget. Guidelines to Standardize Measures of Costs and Benefits and the Format of Accounting Statements [R/OL]. https://www.whitehouse.gov/sites/. 2016 年 1 月 6 日。

② 王璐等：《美国环境政策评估理论与实践研究》，《未来与发展》，2014 年第 7 期，第 48 页。

评估机构外，还会适量委托一些非官方机构。

美国的环境政策评估侧重经济影响，体现在了评估对象及评估方法等关键评估领域。根据美国环境保护局颁布的《准备经济分析的导则》，主要评估方法有成本效益分析和经济影响分析。成本效益分析重视社会效益与社会成本，而经济影响分析侧重总社会成本和效益的组成结构和分配，进一步对环境政策的社会经济影响深入评估。这与美国开展政策评估的历程有关。美国最早开展政策评估就主要是关于经济效益的分析。并且全国性的政策评估也是由 OMB 负责指导，并向国会递交所有重要政策成本效益分析报告。随着政策评估的广泛开展并逐渐延伸且落实到环境领域，OMB 下设的 EPA 和其他部门逐渐定期向 OMB 递交政策的监管影响报告，对政策的成本效益和主要经济影响进行说明，OMB 在此基础上完成重要政策的年度成本效益分析工作，并向国会提交报告。这一惯例延续至今成为环境政策评估的主要特征。为了推动评估的专业和准确性，美国 EPA 下设的 OP 随后也成立了专门的国家环境经济学中心，积极研究成本效益量化分析方法，指导经济分析。这些都体现了评估对于经济影响的关注。

但并非所有的环境政策都需要开展专门的评估，具有重大宏观经济影响或明显增加消费者与行业负担成本，以及影响市场中产品价格和对竞争、就业、投资、创新造成重大不利影响的环境政策会被选择进行专门的评估。美国评估政府管理政策中明确提出“年经济影响超过 1 亿美元的环境政策”需要展开专门的评估①，且评估从政策的效果、效率、公平性、创新影响、公众意识影响几个方面进行。关于评估详情：效果方面，主要衡量环境政策预期目标完成程度；效率方面，衡量环境政策投入带来的产出，即环境政策效益与成本之间比值；公平性标准关注政策的成本、效益等在不同相关利

---

① National Center for Environmental Economics Guidelines for Preparing Economic Analyses [R], Washington DC: USEPA, 2010, p. 27.

益群体间的分配。

（六）环境公民诉讼制度

美国的环境公民诉讼制度在全球是首创。美国环境公民诉讼制度在1970年《清洁空气法》中首次做出规定，是美国国会在20世纪70年代初期美国环保运动高涨的背景下，继环境影响评价制度之后做出的另一项重要的环境法律制度创新，被认为美国环境法的本质特征和核心要素。[①]。此后在20世纪70年代和80年代，美国国会制定的每一部实体环境保护法律都包含了公民[②]诉讼条款。[③] 20世纪90年代中期，美国的公民环境诉讼制度就已经相对完善，并对世界各国的环境公益诉讼立法产生了广泛影响。一些国家，如英国、加拿大、德国、澳大利亚等，借鉴了美国的环境公民诉讼制度，通过专门立法建立了符合本国国情的公民诉讼或者公益诉讼制度。不仅如此，欧盟还把美国环境公民诉讼制度的诉前通知要求引进到区域国际环境法中。[④]

美国的环境诉讼制度为公民提供了多种渠道来维护自身的利益。这些渠道包括提起司法审查和公民诉讼监督的方式来实现。当法律的禁止性或者限制性规定不明确，公民因此做出了自认为符合规定的行为、却受到监管部门的惩处或指控时，公民可以通过司法审查制度来提起诉讼，使自身的合理诉求和处境得到公平的处置。而公

---

① Jonathan H. Adler："Citizen Suits and the Future of Standing in the 21st century: From Lujan to Laidlaw and Beyond: Stand or Deliver: Citizen Suits, Standing, and Environmental Projection", 12 Duke Environmental Law & Policy Forum 39, 42 (2001).

② 与通常的理解不同，美国公民诉讼制度中的"公民"非特指自然人，而是包括自然人的公民和作为法人的公民团体、公司、联邦和州政府及其机构。

③ ［美］丹尼尔·瑞舍尔著，张鹏、叶胜林译：《环境诉讼与环境法的发展》，载王曦主编：《国际环境法与比较环境法评论·第三卷》，上海交通大学出版社，2008年版，第256页。

④ 常纪文：《美国环境公民诉讼判例法的发展及对我国环境公益诉讼制度改革的启示（一）》，《环境保护》，2016年第3期，第67页。

民诉讼监督则针对政府部门或企业等主体在程序上或行为上的违法行为提起的诉讼请求。这两个渠道的存在，基本覆盖了可能损害公民环境权力和利益的所有方面，使公民的权利得到较为有效的保障。

此外，美国各级法院对原告起诉资格和条件的认定选取比较宽松的标准，也为公民利用诉讼渠道维护自身的环境权益增加了一层保障。传统的环境法和诉讼法一般均规定，原告必须是与某一行为有直接利害关系的人，即当事人、受害人或实际受影响人。而美国环境公民诉讼制度中，对此做了不同的执行，即在美国只要原告认为自己的环境利益受到侵害，虽然没有环境法上的公民诉讼起诉资格规定，仍然可以依据其他法律的规定，如可从《行政程序法》甚至宪法的规定中，寻找行政机关违法的依据和自己利益实质性受损的依据。同时原告能够在纯粹的经济损害之外，就包括感官美、娱乐美等利益在内的实质性环境损害提出有效证据即可。

也正由于环境公民诉讼制度的存在，美国公民（包括社会团体）虽不能像行政机关一样直接对污染者采取强制措施，但可以通过诉讼借助司法手段实施环境利益维护、环境质量监督和执行权利，成为受法律保护的间接的环境执法主体。美国公民诉讼制度的对象既包括企业、自然人，也包括政府部门。尤其将政府部门作为诉讼对象，对政府依法履职起了重要的督促作用，避免政府既当“裁判员”又当“运动员”的管理弊端。而对企业的监督诉讼，则可成为联邦政府环境管制的“补充”，提升了国家环境治理的综合效果。也因此，美国环境公民诉讼制度在督促政府履行环保职能和监督企业环境行为方面起到了不可替代的作用。

美国环境公民诉讼条款对环境公民诉讼的提起规定了两个程序性要求，即诉前通知程序和州或联邦执法行动先占。这两个程序的规定，充分保障了“公民诉讼制度”执行中的效率。诉前通知程序，要求拟提起公民诉讼的公民或环保团体必须以书面通知的形式告诉企业或联邦环保局其提起公民诉讼的意图。法庭诉讼必须要等到该通知书送达企业或联邦环保局60天（有的法律规定为90天）后才能提起。在诉前通知期间内，如果被通知的企业或政府环保部门采取措施纠正了违法行为，则被诉违法行为不复存在，公民诉讼程序因而应停止。由于这一程序的存在，在美国公民诉讼的实践中，相当多的公民诉讼并没有走到法庭诉讼的最后阶段，争议的问题往往在公民诉讼的诉前通知期期满之前得到了解决。[①] 公民诉讼的目的是辅助政府执法，必须给政府执法以优先地位。在公民执行诉讼的情况下，在诉前通知期间，如果州或联邦政府对于诉前通知中所涉及的同一违法行为，已经采取或正在采取一定的执法措施加以改正，此时公民诉讼程序应当停止。

实践证明，美国的公民环境诉讼制度起到了督促企业守法的作用。“公民诉讼变得如此有效，以至于产业界对它的担心超过了对于执法机构的谈判和和解的担心。”[②] 这一制度也有效推动了政府尽职执法。据统计，1995—2003 年八年间，公民提交了超过 4500 个诉前通知，仅依据《清洁水法》《清洁空气法》两部法律就向州和地方政府发送了 729 份诉前通知，最后被司法部登记的起诉到法院的公民诉讼案有 336 件。在大多数案例中，州和地方政府都在诉前通知期内纠正了自己的违法行为。[③]

另外值得关注的一点是，近年来随着风险预防被《里约环境与发展宣言》和《气候变化框架公约》采纳，并成为国际环境法的一个基本原则。美国环境公民诉讼的实践中对基于风险预防原则要求政府采取环保措施的诉求，有得到法院支持的案例出现。[④] 风险预防原则规定，不能以科学的不确定性为理由，拒绝或者迟延采取预防

---

① 王曦：《论美国环境公民诉讼制度》，《交大法学》，2015 年第 4 期，第 28 页。

② ［美］丹尼尔·瑞舍尔著，张鹏、叶胜林译：《环境诉讼与环境法的发展》，载王曦主编：《国际环境法与比较环境法评论·第三卷》，上海交通大学出版社，2008 年版，第 255 页。

③ See James R. May, “Now More Than Ever: Environmental Citizen Suit Trends”, 33 The Environmental Law Reporter 10712 – 10713 (2003).

④ 常纪文：《美国环境公民诉讼判例法的发展及对我国环境公益诉讼制度改革的启示（一）》，《环境保护》，2016 年第 4 期，第 68 页。

环境问题产生的措施。由于这一原则的过度使用可能引起恶意的环境诉讼事件不断出现，目前在美国的公民诉讼实践中还未出现对这一问题的防范措施。因此对这一原则的适用，还有待观察。

（七）环境税制度

美国是世界上最早考虑使用税收来减少污染的国家，也是第一个在其税收法典中提出“环境税”的国家。美国政府具有一套完善的环境税收政策和实施方案。美国环境税包括对破坏臭氧层的化学品征收消费税、对汽油征税、对与汽车使用相关征税、资源税、对固体废物处理的征税和环境收入税等。

对破坏臭氧层的化学品征税是为减少氟里昂排放而设立的。该税于20世纪90年代初起正式按照从量征收，包括针对有破坏臭氧层可能的化学品的生产税、破坏臭氧层化学品储存税以及进口和使用化学品进行征收。该税的基础税额定期提高。汽车使用税主要包括汽油税、轮胎税、汽车使用税和销售税等。该税采用定额税率，各州税率水平稍有差别，该税率总趋势是不断提高。州和地方政府还对购买汽车征收销售税等。环境收入税是美国根据1986年国会通过的《超级基金修正案》设立环境收入税，它与企业经营收益挂钩，当时规定，收益超过200万美元以上的法人应按超过部分以0.12%的税率进行征收，即环境收入税实行比例税率，是在企业所得税上的一个附加税率。

此外，美国于1972年对排放到空气中的二氧化硫浓度超过一级和二级标准的区域，每磅分别征收15美分和10美分的二氧化硫税，以促进生产者和消费者使用含硫量低的燃料。对固体废弃物按体积收费，抑制家庭产生过多的固体废弃物。

但在美国联邦税收体系中，考虑到环境因素的税收抵免非常多。特别是在所得税下对节能、燃料替代、新能源开发等方面的抵免，已经成为环保署和能源部实施“能源之星”计划后，最重要的鼓励节能消费的政策。美国的环境税收优惠主要体现在包括直接税收减免、投资税收抵免和加速折旧等。美国对研究控制污染新技术和生产污染替代品的企业，尤其是发展循环经济的企业给予减免所得税优惠。对控制环境污染债券的利息以及对净化水、气以及减少污染设施建设援助款项不纳入所得税征税范围之内。为促进社会公平，美国对税收减免实行总量控制，规定人均环境税优惠不超过50美元。

依照税收的目的不同，上述各种环境相关的税收收入有不同的使用方式：以调节行为为目的的货物税，税收大部分进入一般财政；以筹集收入为目的的税收，则由财政部统一征收，再纳入不同的预算或基金，专款专用于环境，如超级基金。随着有些税种法令逐步到期，特别是随着超级基金税收项目停止征收。目前联邦税收对环境因素的考虑最主要地体现在货物税中，其中的机动车、燃料税、石油税（漏油责任信托基金融资率部分）、破坏臭氧层化学品税和各项税收抵免措施仍然发挥环境调节的作用。以2004年的税收数据看，能源货物税收已占到66%，机动车与交通类税收占到33%，其他为1%。①

（八）环境产业发展政策

美国的环保产业政策包括行业政策及技术政策两部分。美国的环保产业兴起于20世纪六七十年代，80年代快速发展，90年代步入成熟阶段。在环保产业发展之初，美国政府通过颁布一系列的强制性的法令条例增加了环保产品与服务的需求，来刺激环保产业的发展。90年代之后，美国的环保产业发展速度明显减慢，美国政府开始转向利用经济手段和出口手段来刺激环保产业的发展。

美国环保产业的最初发展与美国政府实施的严格的环境法规、环境标准密不可分。美国国会通过《国家环境政策法》后的20多年

① 吴健：《从美国环境税收体系看税收与环境保护》，《环境保护》，2013年第11期，第76页。

中，不断颁布了各类环保法规，对环境违法行为进行严格管制。这一系列的政策法规及其实施，大大拉动了环保产品与服务的国内需求，拓宽了环保产业市场。例如，通过《清洁空气法》的实施，大气污染控制技术及其设备得到快速发展。《清洁水法》的技术标准的实施，推动了污水处理技术及设备的研发、生产和销售。近年来《美国清洁能源安全法案》更是要求2020年前电力部门12%的发电量要来自风能、太阳能等可再生能源，2012年后建筑能效比要提高30%，2016年后要进一步提高50%，这些都有效地促进了节能环保产业的发展。

与20世纪70年代初注重环保产业政策的实施不同，90年代后，对环保技术给与更多关注。进入20世纪90年代之后，美国环保产业的发展趋缓，出口量减少，美国政府意识到来自全球市场的严峻考验，决定加大环保技术创新政策的制定和实施。在政策规划方面，1995年，克林顿政府出台《国家环境技术报告》，要求政府、产业界、学校紧密协作，加大环保技术的研发力度，并确定了工业生态、污染清除和恢复、清洁能源、生物技术等关键技术发展领域，以工业生态作为重点发展对象。2003年，布什政府出台《美国气候变化科学计划的战略规划》，2005年，出台《美国气候变化技术规划》以鼓励大气污染领域的技术研发力度。2009年，奥巴马政府提出一项加强清洁能源技术、科学的国家级计划，旨在促进新能源的研究。同时为了提供足够的资金保障，1990年以来，美国政府的环境技术研发经费一直维持在研发总经费的9%左右，2002年、2003年和2004年的研发费用分别达34.18亿美元、36.9亿美元和37.62亿美元。[①] 此外，美国政府还通过超级基金、信任基金、示范补贴、贷款等各种形式来解决研发资金问题。如今，美国环保产业研发成果转为专利或技术许可证的比例高达70%以上，处于世界领先地位。

---

① 高明：《美国环保产业发展政策对我国的启示》，《中国环保产业》，2014年第3期，第53页。

此外，为了使工业发展方向与环保产业相对接，美国政府从税收、财政、投融资等方面出台与产业及技术政策相配合的政策。在税收政策方面，美国于20世纪七八十年代初将环境税收政策引入环保产业，具体包括环境税、减免税和完全免税等。环境税方面按照“谁污染，谁付费”的原则征收大气污染税、水污染税、固体废弃物税等。减免税方面，对企业综合利用资源所得给予所得税减免和购买循环利用社会的企业免征消费税等。尤其联邦生产税收抵免（PTC）和投资税收抵免（ITC）对美国太阳能产业的发展产生了积极影响。针对环保产业的投资周期长、风险大、收益不确定，美国政府对积极开展技术研发、采纳环保技术、进行减量排放等企业行为进行相关的财政资金补贴。为解决环保企业融资难的问题，美国政府通过提供低息贷款、债券、基金、股票等多种投融资政策促使环保企业的融资方式多元化。

除了国内发展政策，为了促进环保技术和产品的出口，美国政府在国际贸易政策方面也做了专门的安排。20世纪90年代初期，相比日本、德国等发达国家，美国的环保产业出口额明显不足，针对这一情况，1993年克林顿政府公布环境技术出口战略，成立商务部牵头的促进中心，专门研究各国出口机会及环境技术需求。在该战略的影响下，美国当年环境技术和产品出口额就增加了25亿美元。[①] 2002年，布什政府公布第一个国家出口战略（NES2002），强调政策之间的协调，以帮助更多的环保企业获得市场信息及相应的技术协助。2010年，奥巴马政府公布的美国贸易政策战略中，将环境问题列为七大核心政策重点之一，其主要内容是削减关税，与贸易伙伴采取多边行动，开放有利于气候问题的环保产品及服务贸易等。近年来，美国政府更是通过放宽出口管制、积极参与国际贸易机构（WTO、OECD）、以外交促贸易、提高国际环境标准等措施为本国

---

① 谷文艳：《美国环保产业发展及其推动因素》，《国际资料信息》，2000年5月，第10页。

环保产业占据国际市场提供条件。

以上环境政策对美国环境治理和整体环境改善做出了卓越的贡献。但20世纪90年代后，由于政党轮换，环境理念不断改变，美国环境政策的稳定性大大削弱。例如，共和党的小布什总统上台后，民主党克林顿时期的很多环境政策被改动，而奥巴马上台后，小布什的很多环境政策也被废除。这段时期美国政府对环境问题的关注逐渐以维护国家安全的角度存在，并有时得到强化。1987年，里根政府时期的《国家安全战略》报告中，有了对环境安全的初步阐述，认为“对美国利益的原则威胁”包括“食物严重短缺、健康服务缺乏……以及对一些国家的自然资源如土壤、森林、水、空气等危险的损耗或污染……”1991年，美国公布的《国家安全战略》则首次明确将环境问题视为国家安全利益，声称：“我们必须运用保护增长的潜力和当代及后代人的机会的方法来管理地球的自然资源……对全球环境的关注是没有国界的。这些环境挑战带来的压力正成为政治冲突的一个原因。”① 说明美国环境政策开始以服务于国家安全战略为要旨。从克林顿政府时期急剧地提高环境问题的地位，到小布什时期一度保守的环境政策，再到近几年来奥巴马对环境问题的重新重视，虽然表面上看环境政策始终围绕政治团体的博弈而变化，实际上环境政策的变化总体上在服从于国家安全战略的需求。

四、经验总结

美国采用的自由市场经济管理模式，体现了政府对制度约束的依赖，即美国的社会管理主要依靠制度和机制的运行。在环境治理方面，美国也是通过多种制度措施的良好运行，保障社会各方面功能正常的运转。但在自由体制下，对市场运行规则的最大依赖，导致社会不公也最严重，由此公民社会的参与和监督需要发挥更大的作用。而且由

---

① WhiteHouse. TheNationalSecurityStrategy［EB/OL］. 1991，http：//www. fas. org/man/docs/918015 – nss.

于环境改善的公共产品特性，更易引起不公平的现象，更需要第三方的积极参与来纠正“市场失灵”。因此在美国的环境治理领域，包括普通民众和精英阶层以及非政府组织等的第三方，对环境治理起到非常重要的监督和推动作用。以下对美国环境治理经验的总结中，也体现了“弱”政府 + “强”第三方的多元治理特点。

（一）在权益的充分保障下，公众成为环境治理有效开展的关键力量

美国对环境恶化的治理，最早由城市民间团体推动，各类民间的运动又推动了城市环境管理，迫使政府逐渐认真思考和对待环境问题。美国的环境管理从无到有，受民间力量的推动最大。但民间之所以能起到重要的作用，跟美国“自由”“民主”的环境和对公民权益的有效保障有直接关系。如 1933 年，罗斯福总统在就任总统后就设立了民间自然资源保护队，雇佣了数百万青年进行自然资源保护，广泛传播了自然保护思想。

联邦政府在此推动下颁布了以《国家环境政策法》为代表的一系列法律法规，并成立环境保护署等部门来管理和完善环境保护工作。尤其，通过颁布《国家环境政策法》，赋予公众参与涉及环境事务程序的权力，公众的环境权力得到了充分的尊重。如果环保局或其他行政机关在履行上述职权时没有公众参与，则其做出的环境影响说明或制定的条例可能会被法院判决无效。为了保障公众参与，联邦行政机关各自制定本部门保障公众参与的规范，如 20 世纪 70 年代早期所通过的《清洁空气法（修订）》《清洁水法》《濒危物种保护法》等都设置了一个公民诉讼条款。公民诉讼条款设置 40 多年来，公众参与的积极性得到充分的调动和回应，环境质量取得明显成效，大气、水及自然环境管理得以有效实施。

美国公众对环保的推动还表现在促进地球日的建立。1970 年 4 月 22 日，美国 2000 万各阶层人士参加了盛大的环保游行。很多大

城市的民众互为支援，在全国各地人们高呼着保护环境的口号，在街头和校园游行、集会、演讲和宣传。在华盛顿，学生们请旁观者将手放进油桶中，体验陷在浮油中的小鸟的感受。在佛罗里达，学生们谴责汽车污染，并象征性地掩埋了一辆汽车。在旧金山，学生们将石油倒入美孚石油公司办公室前的倒影池中。在肯特郡，学生们为“明天的孩子”举行模拟葬礼，预示了环境破坏的结果。[①] 美国公众环境保护意识的觉醒及全民环境保护运动的发展，也影响和推动了其他西方主要发达国家的环保运动，这一天被定为世界地球日，从而揭开了全球环境保护运动的序幕。随后不久，1972 年 6 月 5 日，联合国人类环境会议在瑞典斯德哥尔摩召开。这是联合国史上首次研讨保护人类环境的会议，也是国际社会就环境问题召开的第一次世界性会议，标志着全人类对环境问题的觉醒，是世界环境保护史上的第一个里程碑。1970 年的地球日，被公认是在 1962 年卡森的《寂静的春天》拉开序幕之后，美国民众环境保护运动走向高潮的一个标志。

此外，较早开展的环境教育对美国民众环境能力的提升也起到了重要作用。早在 1970 年，美国就制定了《环境教育法》，通过学校教育及各种新闻媒体的宣传，提高公众的环境意识。1986 年，《紧急计划与公民知情权法律》要求企业公布其有毒物质的排放量，次年还公布了国家“毒物释放总览”，第一次向公众提供了进入空气、水、填埋场以及运到企业外地点的 300 多种危险物质的排放处理信息，为公众参与环境监督提供了基础。

（二）非政府组织在环境制度完善中发挥重要作用

随着美国环境立法的不断推进，公民的环境权益不断得到完善和巩固，环境组织的领袖们频繁地出现在华盛顿，以监督环境法规

① Robert J. Brulle. Agency. Democracy and Nature：the U. S. Environmental Movement from a Critical Theory Perspective［M］. MIT Press，2000：186.

的实施。20 世纪 70 年代中后期，吉米·卡特上台，将一些环保主义者吸纳进入国家环保局、内务部和司法部等政府部门，使环境运动的诉求直接介入了政府的决策，环境政治逐渐成为美国政治的特色。[①] 在卡特的领导下，环境保护主义者与行政部门密切合作，推动国会通过新的立法，并为实现环境保护的目标争取更多的经费。当时的一位环保主义律师说道："以前我们控诉，举行新闻发布会。现在我们与助理国务卿共进午餐，商讨计划。"[②]

随着美国政治中的环境色彩增加，20 世纪 80 年代以来，一些主流环境组织在策略上更加强调务实合作，通过同政府谈判来寻求发展。例如，环境保护基金组织 1985 年说服联邦管理机构逐步减少汽油的铅含量，1990 年，努力推动政府在新修订的《清洁空气法》中将排污权交易制度化、建立起利用经济手段解决环境问题的方法等。环境保护基金组织曾声称："如果有必要，我们还会转向法庭，但我们日益与商界、政府和社团进行着直接的合作，寻找各方都能接受的解决方案。"这段时期环境运动已不仅是美国历史上最大的社会运动之一，而且俨然成了美国政治和社会结构的重要组成部分。

为了成为制度内政治的有效参与者，环境组织也越来越职业化，它们拥有自己的科学家、经济学家和律师团队，以及专业的资金筹集者、媒体顾问和成员招募专家。有些组织（如塞拉俱乐部和全国野生动物协会）甚至还通过出版事务筹集款项，并借以增进人们的环保意识。罗纳德·塞克评论说："从执行官到低级雇员，环境组织都摆脱了业余的结构和形象，而代之以更加专业的外观。"[③] 与此同时，越来越多的环境组织开始在华盛顿设立办事机构，或者将总部迁往华盛顿，以便开展游说活动，影响政府的决策。1967 年，塞拉俱乐部率先在华盛顿设立办事机构，成为最早从事政治游说的环境

① Robert J. Brulle. Agency. Democracy and Nature：the U. S. Environmental Movement from a Critical Theory Perspective [M] . MIT Press，2000：186.

② 王曦：《美国环境法概论》，武汉大学出版社，1992 年版，第 15 页。

③ 王曦：《美国环境法概论》，武汉大学出版社，1992 年版，第 27 页。

组织。

20世纪六七十年代，美国的环境组织得到了快速发展。1952—1969年，老牌环境组织塞拉俱乐部（Sierra Club）的成员增加了近10倍。[①] 成立于1905年的奥杜邦协会成员从1962年的4.1万人增加到1970年的8.15万人。同时，环境保护基金会、“地球之友”、自然资源保护委员会等环境组织也纷纷成立。到20世纪70年代末，基于环境问题、要求对社会进行变革的组织从数百个发展到3000多个。[②] 1972年，12个最大的环境组织的成员数量达到100多万人，远远超过1960年的约10万人。

（三）美国精英是环境治理重要的推动力量

美国的环保运动有一个很大的特点是“精英推动”。美国的精英对环境的关注较早，并且关注点不局限于当下发生的环境恶化问题，而是从价值观和理念的角度追根溯源到生态问题，即绿色环境问题。[③] 美国精英对生态的关注最早是来自于西方的博物学传统。博物学研究地质、物种、生物分类等自然现象。从19世纪中期，达尔文等博物学家开始解释这些现象并逐渐形成了“进化论”，在此基础上有了后来海克尔等人的生态学。这个领域的研究最早都是由富人和有空闲的人开展，后来逐渐形成了一个传统，即西方研究生态、关注生态的基本都是有钱和有闲的精英阶层。例如，20世纪与可持续发展相关的理论研究（罗马俱乐部等）也都是精英推动的。美国精英阶层在环境治理方面的推动，包括政治（美国总统西奥多·罗斯福、民主党参议员盖洛德·尼尔森等）领域、民间运动（美国著名的生态环保民间机构“大自然保护协会”，就是一个非常精英化的组

---

① Jacqucline Vaughn Switzer and Gary Bryner. Environmental Politics: Domestic and GlobalDimensions [M]. New York: St. Martin's Press, 1998, p. 105.

② Kirkpatrick Sale. The Green Revolution: The AmericanEnvironmental Movement 1962—1992 [M]. New York: Hill and Wang, 1993, p. 32.

③ 相对于工业污染导致的环境问题。

织，原来的主席是高盛集团的董事长保尔森）。因此美国的环境保护社会运动比其他领域社会运动的精英色彩浓重。

18 世纪末 19 世纪初，美国的一些学者注意到人类的活动对自然的破坏。很多人开展这方面的专门研究，代表人物包括：拉尔夫·W. 爱默生、D. 梭罗等。这些人从不同的角度阐述人与自然的关系、工业污染对自然的破坏等问题，他们撰写的作品成为唤醒美国普通民众环境生态意识的重要途径。在 19 世纪后期，美国的一些科学家和有识之士已经开始对自然资源的破坏和浪费以及可能产生的后果，表示出深切的忧虑。他们积极阐述社会发展与自然环境的关系，呼吁政界和公众保护自然资源。这也包括官方或者非官方的环境资源调查机构开展的有关人类行为与环境状况的调查，相关的报告对转变公众意识、说服反对者起了重要的作用。

二战后美国经济的极大发展，财富的增长，使得公民的消费能力得到提升，加速了对自然资源的掠夺性开发和生活污染、工业污染物的急剧上升。在战后至 20 世纪 60 年代期间，“公害事件”层出不穷，导致成千上万人生病，甚至有不少人在“公害事件”中丧生。在这些“公害事件”中，尤以洛杉矶光化学烟雾事件最为引人注目，也最具代表性。这些现状使得越来越多的人们有了源自环境污染的生存危机。

各界有识之士，包括科学家、政治家、社会活动家更是积极投身环保运动，揭露环境污染与公害事件，向政府呼吁，要求政府与企业界重视生态环境问题，并采取切实有力的措施治理和控制环境污染。1962 年，雷切尔·卡逊出版的《寂静的春天》，警示人们使用杀虫剂带来的长期危害，引起美国社会对环境问题的高度警觉。随后的几年中，《安静的危机》《人口炸弹》和《科学和生存》等有关环境污染与人类生存危机为主题的书籍被广泛传播。知识界对环境问题广泛传播，快速警醒了美国社会。从 20 世纪 50 年代末到 60

年代末，美国反映环境问题的文章增加了300%。[①] 仅1968—1970年的两年间，《纽约时报》上有关环境问题的新闻报道量就翻了两番。[②]

（四）独立的最高环境咨询机构，为环境决策提供客观、公正的建议

美国的环境质量委员会是独立于联邦环保机构、直接服务于白宫的最高环境决策咨询机构。由于在机构设置、财政支持方面的独立性、组成人员的专业性和权威性，环境质量委员会能够像最高决策者提供客观、公正和综合的建议，为美国环境决策的成效提供了有力保障。

1969年颁布实施的美国《国家环境政策法》规定建立了环境质量委员会，是美国国家关于环境问题的监督、协调和咨询机构，直接隶属于白宫，其成员和主席亦由总统直接提名，并由国会批准而当选。按规定，该机构主要任务有调查研究国家环境状况，预测环境前景，为总统提供环境方面的咨询、建议和环境质量报告。由于环境质量委员会通常将环境、人口、资源、经济、社会等方面的发展综合起来，进行统一研究并向总统提出建议，因此在经济、政治形势和社会舆论有利的情况下，总统往往重视并接受其建议。

环境质量委员会的人员除了机构内部的人员外，还包括一定数量的外部委员，确保了这个机构的专业性和权威性。该机构在大量调查研究基础上制作的全国环境质量报告，是国家制定环境政策和措施的依据，也是环境立法的科学根据。因此经环境质量委员会对某一具体工程或方案环境效应发表的观点，往往被视为科学的权威表态，影响对该工程或方案的判断和审查。

但环境质量委员会在设立之初，作用发挥并不理想。随着美国环境立法的不断完善，环境质量委员会职责的不断明确，其作用的

---

① James McEvoyIII, “the American Concern with Environment”, in Social Behavior, Natural Resources, and the Environment [M]. New York: Harper&Row, 1972: 218.

② James P. Lester, ed. Environmental Politics and Policy: Theories and Evidence [M]. 2nd ed. Duke UP, 1995: 72.

发挥才得到充分体现。环境质量委员会作用的凸出，是通过美国环境法律不断在环境影响评价制度中强化其作用和影响来实现的。由于环境影响评价制度是美国环境管理的核心制度，对美国的环境管理进程影响至关重要，因此环境质量委员会对环境影响评价制度的影响，奠定了其影响美国最高环境决策的基础。

美国1970年颁布的《国家环境质量管理委员会规则》要求，环境质量委员会对所有联邦机关的环境影响评估书提出评论意见。同时，规定联邦行政机关应当在完成评估书时主动获取国家环境质量委员会的评论意见。同年总统第11514号命令《保护及提升环境质量令》，又授权环境质量委员会制定相关规定以协助联邦行政机关实施环境评估的职责，使其成为环境评估制度的重要组成机构。此后不久，环境质量委员会公布了具有过渡性质的指导原则，作为联邦行政机关制作环境评估报告书时所应遵守的具体规定。与此同时，联邦各行政机关各自也在制定不同的环境评估程序。为避免环境质量委员会制定的指导原则被高高挂起，1977年，卡特总统颁布11991号总统行政命令，授权环境质量委员会评估准则的实施情况，并重新制定"关于实施国家环境政策法程序规则"，以强化环境质量委员会制定的原则的权威性。随后历经1986年、1989年多次修订，环境质量委员会条例（1992年）已经成为环境影响评价制度的主要操作规范和工作指引，并得到法院的承认与援引。

因此，美国环境质量委员会的存在，客观上为美国环境决策提供了不受具体权力和利益约束的建议，从不同的视角保障决策的客观性和独立性，最大程度避免了部门利益限制下的狭隘决策建议与国家整体利益的矛盾，成为美国高层决策制定不可或缺的补充。

（五）环境公益诉讼制度保障公民社会"强力"参与环境监督中

20世纪六七十年代，美国环境事件频发，公害事件所产生的严重后果引发了人们的不安和规模空前的环境保护运动，公民诉讼制度在这样的社会背景下诞生。美国环境公民诉讼制度，赋予公民或者环保团体对违反法定义务的污染者或怠于执法的环境保护行政机关提起公益诉讼的权力，使公众可以强有力地介入环境法律的执行，成为环境法律的特殊执法主体，从而监督和推动有关环境法律的实施，提高环境监管的效率。

由于违法排污行为的常发性、随机性、难以监督性，政府不可能拥有足够的执法资源监督到每一个污染源，而居住在污染源附近的公民常常是监督违法排污行为最经济、最有效的监控者。美国国会试图通过环境诉讼推动公民社会的参与，最大限度调动整个社会力量，为监督污染者遵守环境保护法律、敦促政府严格执行环境保护法律提供保障。美国的公民诉讼制度建立在“环境公共财产”“公共信托”“实体环境权”等理论基础之上，性质上属于一种公益诉讼。它突破了传统的诉讼观念，以公益的促进为目的与诉讼要旨。诉讼的目的也往往不是为了个案的救济，而是督促政府或受管制者积极采取某些促进公益的法定作为。这就使所有可能损害环境利益的行为都进入诉讼范围之内，将公民社会的监督范围扩展到极限。

美国的公民诉讼制度对世界各国的环境公益诉讼立法产生了广泛的影响，发达国家在建立自己的公益诉讼制度时大都不同程度地借鉴了美国的公民诉讼制度。

（六）成本—收益分析作为环保政策规则制定的基础，不断优化环境治理与经济的关系

美国制定环境法的过程中，对经济因素的重视从最初的优于环境，转向次于环境，最终变为环境与经济的平衡发展。《国家环境政策法》出台之前，政府对经济发展最为重视。后来由于环境不断恶化，此后政府制定与实施环境法律规定时，对环境因素更加重视。不过起初制定的保护政策过于严苛，超过当时经济承受能力和科技解决能力的环境要求。在1970年以来颁布的《清洁空气法》《清洁水法》《有毒物质控制法》等成文法所确认的严格环境标准下，企业即便添加新设备或停止生产，也难以实现法规所要求的“零污染

排放”或“零风险目标”。[①]《1972年清洁空气法修正案》，正是由于法律设定的排放目标过大过高，无法在规定时间内完成。

环境管理的高成本问题受到美国当局高度重视，并从尼克松总统开始关注环境成本与收益的问题，通过分析权衡规制措施的成本和收益，尽力选择合适的规制工具，实现既有效又便宜的规制。[②]尤其是，1981年里根总统批准的12291号令，要求任何重大管理行动都要执行“成本—收益”分析，以保证政府任何决策措施所产生的收益都要大于它所引起的费用。[③]该命令的发布对非市场物品的价值评估产生了重大影响，这种影响尤其集中在对环境影响的价值评估上。美国国家环保局因此制定了自己的成本—收益分析手册。1993年克林顿总统以12866号令及12875号令取代了上述里根总统的命令，强调规制措施只有通过合理的成本—收益分析后才能被认可。并规定所有重大的规制行动都要进行成本—收益分析，促使成本—收益分析进一步体现在环境保护具体领域的法规和政策制定中，在确保环境保护成效的同时，平衡了环保与经济利益间的关系。例如，《安全饮用水法》要求制定每一个新标准时必须进行彻底的“成本—收益分析”，以决定饮用水标准的收益是否大于成本。

尽管实践中对影响环境的经济行为进行“成本—收益分析”，有很多难以量化的因素带来的不确定性，但“成本—收益分析”的要求却在不断推动环境管理者改进思路和方法，在环保与经济效益之间寻找更加优化的平衡点，促进美国的环境规则更有效率。

（七）“刚柔并济”的执法手段，保障了环境监管效率

一般的环境执法都是通过法律诉讼或行政命令完成的正式环境

---

① 席涛：《美国管制：从命令—控制到成本—收益分析》，中国社会科学出版社，2006年版，第69页。

② ［美］凯斯·R. 孙斯坦：《风险与理性——安全、法律及环境》，中国政法大学出版社，2005年版，第6—7页。

③ 王名扬：《美国行政法》，中国法制出版社，1995年版，第574—575页。

执法，往往采用对抗的方式完成，并依赖于对环境法规的严格适用，具有强制性、严厉性、威慑性等特征。这类执法方式主要目的是通过对环境违法行为的严厉处罚，使监管相对人对惩罚产生一种可靠的反应，力求使惩罚具有一种普遍的、具体的威慑效果，确保监管相对人遵守环境法。在美国，除了以上所提到的一般意义上的环境执法手段外，还不断补充进来沟通、协商和互助等相对柔和的方式，通过提升被监管者的守法能力，来解决严格执法所不能达到的监管领域和监管效果。这两种监管方式的并存，大大提升了美国的环境执法效率。

20 世纪 90 年代中期以前，美国的环境执法还是以这类严格遵照法律政策实施的强硬的监管手段为主。[①] 基于当时的环境状况和民众的认知，这一时期美国环境执法领域的主导观点是：监管相对人有关守法的决策是建立在自利基础之上的，只有实施严厉的惩罚并使监管相对人的违法成本足以超过预期违法收益时，环境执法才能收到较好的效果。因此，这段时期美国环境执法较为严厉。不得不说，严厉的环境执法手段，确实有效地保证了被监管者对环境行政法规的遵守，特别是在一些环境执法被系统地、有针对性地和积极进取地予以开展的领域，被监管者的守法认知和守法能力也得到了较大的提高。例如，美国新泽西州自 1990 年颁布了基于威慑的《〈清洁水法〉实施法案》后，《清洁水法》的守法状况显著提高。

但随着环境要求的增加和标准的提升，此类执法方式缺少灵活性又相对来说过于严厉，因此不断受到对抗。一些企业对环境执法产生了强烈的不满，激起了对执法的抵制和对抗，并想方设法规避对环境法的遵守或通过法律诉讼来挑战环境执法机关的监管。不但增加了执法难度，也降低了环境执法的效率。加之环境监管越来越细致，环境部门的工作领域不断扩大，传统的监管手段越来越吃力，

---

① 张福德：《美国“柔性”环境执法及其对我国的启示》，《环境保护》，2016 年第 14 期，第 57 页。

也需要有所突破和拓展。这些因素都对美国环境执法的改进提出了需求。

从20世纪80年代末开始，美国政府对传统环境执法方式的认知发生了改变，意识到单一的强制性的环境执法并不能较好地实现环境保护的目标。联邦和州环境执法机构开始通过执法方式的转变，缓和与受监管方紧张对立的关系。1996年，美联邦议会通过了《小企业行政执法公平法案》，要求对小企业的轻微环境违法行为予以宽恕。作为对联邦立法的响应，多数州也出台法律，给予那些具有合作态度的企业以减免处罚的特权。此后，美国的环境执法中多了沟通、协商等方式。具体包括了一般的非正式措施、守法援助项目、自主环境审计和积极报告等。通过这类监管方式的引入，政府的环境监管一方面得到了受监管方的理解和支持，另一方面受监管方也通过沟通、学习等提升了自身对环境要求和环境受罚的认知，能够更为自觉地遵守要求。

但需要强调的是，严格执法仍然是美国环境监管的底线。引入"软"的监管措施，主要在于帮助被监管方提升认知和守法的能力，并不意味着对严格执法的弱化。尤其当受监管方在经历"软"监管后，仍然屡教不改或持续不遵守环境法律时，罚款或刑罚仍将被严格执行。

（八）重视环境技术对环境治理和环境产业的带动作用

美国科学技术委员会在1994年《可持续未来的技术》对环境技术的定义中做过明确的表述：环境技术是指能够通过减少（对人类健康和环境危害的）风险、提高（取得环境保护的）成本有效性、改进生产效率和创造出（对环境有益和良性的）产品和工艺而促进可持续发展的技术。环境技术可分为四种类型：监测和评估技术、污染防护技术、修整与恢复技术、污染控制技术。

出于对环境技术的重视，除了投资银行、投资机构、面临环境压力的企业以及少数基金组织和个人外，美国政府是环境技术的主要来源。因为对企业来说，环境技术投资的风险难以评估，技术商业化过程中的各种阻力难以消除。而对于金融机构，环境技术开发的高风险性使得金融机构很难预测技术开发的最终结果，人们对环境技术放贷非常谨慎，相关企业融资很困难。因此，政府非常注重对环境技术研发和产业化的投资，最大限度地减小企业的投资风险，同时提高企业的投资和生产热情。

美国政府为支持环境技术的研发和扩散，不遗余力地启用了大量的政策工具和措施，包括政府直接投资、环境信息的发布计划、环境技术示范工程、环境技术合作研究计划、绿色标签计划等。政府对环境技术创新活动的规划与指导，主要包括由政府公布综合性环境技术创新计划和专门性环境技术创新科技计划、政府根据国家总体环境技术创新计划所制定的部门性重大环境技术创新计划等。美国政府还直接参与环境技术创新活动的组织与协调，并相应地提出环境技术创新标准，使之符合环境技术创新产业的发展。

为保证政策实施效果，政府对这些政策工具进行了合理的搭配和灵活利用。从研发到产业化的各个环节推动环境技术相关的产业链的构建和完善。意识到环境技术的公共属性和环境技术应用的市场主导原则，美国政府通过建立环境技术的公私合作机制，与企业进行研发合作大大加快了技术扩散的速度。政府通过实施环境技术创新组合制度，来对企业环境技术创新研发合作提供支持，为整个环保产业和技术的发展指引了方向，又可以迅速调动各种可利用的环境资源（如人才、设备、场所等）推动技术研发的速度。在企业的角度，其通过合作研发，降低了成本并减小新技术和产品进入市场的风险。

另外，为了实现环境技术在实践中的推广应用，美国政府在 20 世纪 90 年代初制定了加速技术成果商业化的计划，大力推动环境技术进入市场并形成产业化。加速技术商业化计划要求联邦政府帮助技术开发者寻找技术示范项目或技术需求者，并通过与地方政府协调，减少环境技术商业化过程中的障碍，缩短技术得到应用的时间，快速在市场立足。由于对环境技术的重视和相关优惠政策的驱动，美国的企业一般在技术研发的初期就能开始关注技术的环保效益和商业效益。

由于起步较早，美国的环保技术水平长期以来处于世界领先地位，是美国对外出口的传统优势产业之一，产值占全球环保产业总产值的三成左右。美国在环保产业尤其是环境服务业的多数领域具有较强的竞争力。特别是在环保设备领域领先地位稳固，在固体废弃物管理、有害废弃物管理、环境工程、补救措施、分析领域、信息系统方面遥遥领先，在水和空气污染控制设备领域美国也处于领先地位。从具体区域来看，自20世纪末，美国的加利福尼亚、得克萨斯、纽约、宾夕法尼亚等地区，已拥有实力较强的环保产业。目前，加利福尼亚、宾夕法尼亚、得克萨斯、伊利诺伊、纽约、新泽西、马萨诸塞等州是环保业产值名列前茅的州。

（九）积极开展环境外交，对外保护本国环境利益、对内推动环境改善

进入20世纪90年代，美国此前多年的环保努力使环境得到一定的改善，加上其国内经济开始走下坡路，美国政府对国内环保的关注开始下降，但其环境外交却由于全球环境治理的兴起，而得到推动。1997年起，美国政府每年都在地球日发布有关环境外交的报告，对全球环境状况和国际环境政策做出评估，并确定今后的环境外交工作重点。

美国的环境外交，起初主要作为美国全球战略开展和全球形象树立的工具之一，对国内环境治理的直接影响不大。尤其是2001年“9·11”事件之后，环境外交的重要性被反恐取代，环境保护被认为是“较不具代表性”的美国对外关系议题。2005年“卡特里娜”飓风对美国居民生活造成的严重影响，以及随后引发的全球利害关系和全球环境安全的日趋恶化，使得美国政府重新提升了环境外交的重要性。美国主要的外交智库——海军分析中心军事咨询委员会、

战略与国际问题研究中心等普遍认为：环境安全和气候变化对人类构成的威胁要超过恐怖主义，长期来看其影响超过了金融危机。气候变化、环境安全和能源依赖是相互影响的全球性挑战，美国应该通过双边和多边机制避免环境和气候变化带来的全球混乱和灾难……①

随着美国在全球环境治理领域的权力主张，其自身的环境责任也受到其他国家的关注，迫使美国不得不真正地回望本国的环境保护状况，以实际行动来表明自身对环保的积极态度。以气候变化减缓为例，2008 年，小布什政府在八国峰会上终于同意 2050 年温室气体减排 50% 的目标。2009 年，随着民主党政府执政，奥巴马明确表示接受全球变暖的科学事实并在此准备基础上制定一系列低碳和环保政策。奥巴马总统所任命的能源和环保团队都秉承和前副总统戈尔相同的低碳经济和环保理念。2015 年 8 月，奥巴马宣布《清洁电力计划》的最终方案，被称作迄今美国应对气候变化迈出的最重要一步。按照该计划，2030 年前美国发电厂碳排放目标将在 2005 年基础上减少 32%，大量燃煤发电厂将关闭，新能源将获得新的发展机会。美国向全球做出的类似环境承诺，无疑将对其国内环境的进一步改善带去实质的益处。

同时，不得不提到，美国在环境外交领域的逐渐活跃，还与全球绿色产业和环境技术的广阔市场有关。随着各国对绿色发展的重视，全球对环境/绿色技术的开发和应用越来越关注，美国政府更是积极利用环境外交平台不遗余力地推广其自主知识产权的环境技术，占领国际环境技术和产业市场。在利用环境外交提升自身形象，并努力参与环境标准制定的同时，美国还在贸易政策上与外交呼应，抢占国际环境技术及产品市场。

美国专门制定了环境技术产品与服务出口战略，大力开拓国际

---

① 于宏源、汤伟：《美国环境外交：发展、动因和手段研究》，《教学与研究》，2009 年第 9 期，第 63 页。

市场，努力提高国际市场份额。美国环境技术虽然全球领先，但其出口份额仅占全球11%，而日本、德国和英国的出口比重均在21%以上，这是美国推出环境技术出口战略的一个重要原因。为具体实施环境技术与产品出口战略，美国商务部专门设立了环境技术产业办公室（ETI），其主使命是推动环境技术产品和服务相关的国际贸易和投资。为帮助美国环境技术公司成功地进入全球环保市场并与对手展开竞争，ETI 提供许多的信息、咨询、贸易促进和推广服务，包括环境市场趋势分析，寻找出口机会、发布贸易机会，出口策略咨询和贸易谈判、咨询，贸易促进活动，如讲座、研讨会、展览、贸易代表团等，贸易政策设置，以增强环境领域的自由和公平贸易。

第二节　德国

20 世纪 50 年代，德国急于发展经济以改变二战以后经济落后的局面，忽视了环境保护，形成了环境污染为特征的经济结构。到 20 世纪 70 年代，德国二氧化碳排放量大幅增加，水生物急剧减少，发生了垃圾场土壤和地下水污染等一系列环境公共危害事件。生态破坏和环境污染非常严重：德国境内主要河流不仅没有生物存在，德国居民甚至无法在其中游泳，整个鲁尔地区昼同黑夜，树木都被煤灰粉尘染成黑色，栖息在树上的蝴蝶竟也将保护色演变成黑色，德国生态环境已经严重影响到德国居民的生命和健康。[①] 1985 年 1 月 18 日是鲁尔区最为严重的雾霾三级警报，雾霾笼罩德国鲁尔工业区，空气中二氧化硫浓度超过了 1800 微克每立方米。空气中弥漫着刺鼻的煤烟味，能见度极低。这次雾霾致使 24000 人死亡，19500 人患病住院。

① 刘仁胜：《德国生态治理及其对中国生态文明建设的启示》，http：//www.cctb. net/zjxz/expertarticle1/201401/t20140128_ 301178. htm。

人们对癌症病人日益增加的担心也是促成20世纪60年代以来德国的环境主义运动的动力之一。德国最早的著名环境主义者之一、《致命的进步》一书的作者波多·冯·曼斯泰因就是一位医生。当时德国环境主义者提出的一个口号是："全球性思考、地区性行动"。[①]当时，政府一方面耗费巨资治理环境，一方面制定环境政策法规来规范企业及公民的行为。环境立法先行、环境治理跟进、环境资金保障，德国的环境治理成效显著。多年的努力使德国建立起了一个兼顾社会公平和环境友好的发展模式。以雾霾治理为例，20世纪80年代西柏林数度响起的雾霾警报，到1991年后再也没有响起过。20世纪90年代末，德国空气质量明显好转，各联邦州也相继废除了雾霾法令。2007年，曾经一度困扰德国的SO_2浓度下降到8微克每立方米。而据德国环保部2015年数据显示，德国2014年境内全部观测站所测算的细颗粒物的年平均值均低于欧盟40微克每立方米的限值。

德国环境治理结构之所以能够发挥效用，具有其潜在的社会基础和政治文化前提。一方面，德国在20世纪初已实现工业化，在六七十年代开始向后工业社会转型，拥有以中产阶级为核心的群众基础，持有后物质主义价值观，对生态环境和生活质量具有更高的精神诉求。另一方面，德国环境保护法律规范的完备在世界上处于前列，而其环境标准的严格，在欧洲这样对环境保护异常关注的区域也处于非常领先的地位。也因此，德国的环保对欧盟的影响非常大：德国环境法的原则和制度在很大程度上影响了欧盟立法，特别是1994年德国颁布了《循环经济与废物清除法》，使世界环境保护运动发生了根本性的转变。[②]

---

① 包茂宏：《德国的环境变迁与环境史研究——访德国环境史学家亚克西姆·纳得考教授》，《史学月刊》，2004年第10期，第94页。

② 骆建华：《荷兰 德国的环境保护法制建设》，《世界环境》，2002年第1期，第15页。

一、法律制度

德国的环境法制建设起步较早，是欧洲最早开始关注环境问题的国家之一。20 世纪 60 年代末，德国境内大气、水体等方面的污染十分严重，民众对环境恶化的切实感受，加上一系列有关环境污染危害的研究报告的发表，在德国掀起了从政府到公众、从城市到乡村的广泛的环保热潮，环境法制建设也得到很快发展。20 世纪 50 年代，德国就出现了《水污染防治法》。1962 年 12 月，鲁尔区首次遭遇严重雾霾天气，1964 年鲁尔区所在的北威州首次颁布《雾霾法令》，设定了大气污染浓度的最高限值以应对雾霾危机。1974 年，《联邦污染防治法》出台，针对大型工业企业进行法律约束，为其制定更严格的排放标准。到 20 世纪 90 年代末，对水、大气等主要环境介质都有了保护性法规（见下表）。

表 1　1956—1976 年间联邦德国制定的环境保护法规

法律法规	年份
《水污染防治法》	1957 1976（修订）
《废弃物处理法》	1972
《大气污染防治法》	1974
《环境影响评价法》	1975
《自然保护法》	1976

1984 年，德国颁布了针对大型焚烧厂烟气排放的限制性法令，计划削减 70% 以上的二氧化硫排放量。1986 年，德国成立环境、自然资源保护和核安全部，并于同年出台《废弃物法》。1987 年，德国率先实行环保标志制度，旨在对产品的全过程环境行为进行控制和管理。20 世纪 90 年代初，德国将环境保护写入基本法，指出“国家应该本着对后代负责的精神来保护自然的生存基础条件”。

1997 年发布的《走向可持续发展的德国》和《德国可持续发展委员会报告》确定了德国21 世纪环保纲要的总体框架。2002 年4 月，德国政府又制定了21 世纪国家可持续发展的总体框架。目前，德国已拥有世界上最完备、最详细的环境保护法律体系，联邦及各州的环境法律、法规有8000 部，还实施约400 个欧盟的相关法规。

德国环境法建立在三个基本原则之上："预防为主原则""污染者付费原则"，以及"合作原则"。德国在环保法的制定中对经济与环保矛盾的解决做了清晰的规定，使这些原则得以充分贯彻，并逐渐为环境法的发展衍生出了现代国际社会熟知和普遍接受的"可持续发展的原则"和具有德国特色的"一体化原则"。"一体化原则"要求，从包括空气、水和土地在内的所有的环境媒介来一体化考量可能造成的所有环境影响。"一体化原则"的特殊之处在于其跨越不同环境媒介的思考和行为方法，防止了由于孤立地考察每个环境媒介，并避免使有害物质从一个媒介转移到另一个的情形被忽略。该原则的落实也保障了按照不同媒介订立的环境法面对跨界问题的有效性。

在德国与环保相关的法律法规中，经济环保法是德国环保立法的一个重要特点，它促进了德国经济生态化和绿色经济的形成与发展。在这方面较有代表性的法规包括：《商品包装条例》《循环经济法》与《可再生能源法》等。1991 年6 月，德国实施的《商品包装条例》以法律形式确定了产品责任原则和商品包装回收原则。即商品生产者有义务回收和利用使用过的产品，包装生产商有义务回收使用过的包装材料。由于该法的推动，1990 年德国95 家生产、销售商组织建立了双轨制回收系统，使德国的包装废弃物有了专门的回收、处理的组织。为了尽可能循环利用资源，以解决经济增长与资源消耗、环境保护的问题，德国于1994 年颁布了《循环经济法》。该法规定了防止废弃物产生、循环利用物品和无害化处置等三项原则，使产品在其生命周期内，最大限度地被循环利用并最大限度减少环境危害，使整个生产和消费系统成为一个循环经济体系。德国的资源循环利用理念对世界产生了很大的影响。欧盟诸国、美国、日本、澳大利亚、加拿大等国家都已经先后按照资源闭路循环、避免废物产生的思想重新制定了各国的废物管理法规。[①]

近年来，基于民众对核能的强力而有效的反对，退出核能的使用并开发可再生能源是德国政府1998年后最重要的发展政策之一。德国政府在政策上的偏重，也体现在了能源环境法律出台与改进。2000年2月，德国联邦议院通过《可再生能源法》，以促进太阳能、风能、水能、生物能和地热能的进一步开发。《可再生能源法》具体目标是到2010年将可再生能源的份额至少提高到12.5%，到2020年至少提高到20%。为配合该法的实施，2003年，联邦政府制定了住房改造计划，采用节能技术改造建筑，并于2004年推出了新车油耗标准。德国在可持续发展的原则下使能源不断生态化，做到了在减少传统能源消费的同时开发可再生能源。

积极推动并参与国际环境法律的制定，并以国际法的标准实施国内法，引领国际环境立法及其实践，是德国20世纪90年代后环境法律方面的又一特征。在大气治理方面，德国最核心的几部大气治理法律包括：1974年的《联邦污染防治法》、1979年的《关于远距离跨境大气污染的日内瓦条约》和1999年的《哥德堡协议》。尽管《联邦污染防治法》经过多次修改和补充已成为德国最严格和最重要的法律之一，德国仍然参加了《哥德堡协议》，并做了较大幅度减排承诺：到2010年完成二氧化硫排放减少90%、氮氧化物排放减少60%等目标。[②]

需要指出的是，德国是联邦制国家，有关环境污染的规制是属于联邦和州共享的立法权力，但其立法事权分为联邦与州两个层次。联邦制定有关环境保护的基本的规范，而州则是规定联邦规范中未

---

① 廖红、朱坦：《德国环境政策的实施手段研究》，《上海环境科学》，2002年21卷12期，第151页。

② 王志远：《德国鲁尔区污染警报是如何解除的》，《经济日报》，2014年2月10日。

予规定的内容，同时对于联邦法律做进一步细化的规定，以明确本州应如何执行联邦法律。

总结而言，德国的环境立法有以下特点：首先是立法时间早。与其他发达国家相比，德国的环境立法普遍提前三至五年，而与发展中国家相比，则普遍提前十年以上。其次是意识先进。德国不仅较早地将环境内容写入基本法，较早意识到了用经济杠杆调节发展与环保的关系，而且也较早地提出了一些新的概念、体系并以法律的形式加以鼓励或调节，如循环经济、可再生能源等。第三是法律范围广阔、规定细致，执法者和被管理者能够做到有法可依、有法必依。

二、管理机制

德国是联邦制国家，总统是国家的最高元首，但总理是事实上的政府首脑。议会实行两院制，负责制定国家的法律。总理和其任命的各个部长在法律的授权下可以制定行政法规。在环境制度设计上，德国环境规制的决策权集中在联邦层面。《德国基本法》第30修正案中明确规定，联邦和各联邦州都可以对空气、噪音、废物排放等环境问题展开立法规制，但联邦立法处于优先地位[①]。《德国基本法》第75条规定，联邦承担在水资源管理、土地保护、自然保护等环境领域的框架性立法责任，各州立法则需要在此框架内起补充作用。[②]

德国的政治制度给予了联邦州在环境决策过程中一定的影响力。德国采用的是合作型联邦制，联邦与州形成相互协调的关系。在包括交通、环境、卫生等领域的立法程序中，立法职权主要由德国联邦享有，执行由各州负责。在决策过程中，立法需要联邦议会和参议院的共同支持，前者倾向于代表联邦，而后者代表各联邦州。《德

① 《德国基本法》，第74条。
② 《德国基本法》，第75条。

国基本法》第79条规定，只有在联邦参议院的明确同意下，联邦才能通过触及联邦与州的关系的法律法规，其中包括：针对机构组织、公众服务以及管理程序等事物领域、必须通过联邦州实施的法律、涉及共同体任务的法律等。[①] 另外，德国每一个政府部门都被分配了一个具体负责的环境事务领域，不同的政府部门之间的来往主要通过上级机关完成。在环境领域，不同环境媒介的监控和管理交由不同联邦部门负责，部门之间职权重叠极少。

由于德国的法律体系完整、各项环境指标内容具体详细，便于执行，给予管理部门较少的活动空间和灵活性，包括联邦和州在内的各级行政机关所开展的所有行动，都必须符合法律的规定。当缺乏切合实际的法律目标，或执行机构执行权限不足时，政府不得超出权限执行任何政策决策。[②] 与此同时，德国法律要求特定项目、企业或其他个体定期向政府报告环保标准，政府部门以监督的方式展开规制。德国政府在联邦州层面，大都依法进行许可审批和监督的方式开展环境监督。[③]

三、环境政策

在德国，可持续发展的理念始终贯穿环境政策之中，保证了环境政策对经济与生态协调发展的促进。具体表现就是：除了以严格闻名于世的环境政策、技术标准、规划计划之外，德国的环境治理还配合了相应的经济政策、自愿（志愿）协议，以及管理标准等，将环境管理与产业发展紧密联系在一起。

---

① ［德］沃尔夫冈·鲁茨欧，熊炜、王健译：《德国政府与政治》（第7版），北京大学出版社，2010年版，第232页。

② ［德］沃尔夫冈·鲁茨欧，熊炜、王健译：《德国政府与政治》（第7版），北京大学出版社，2010年版，第320页。

③ Héritier, Adrienne, SusanneMingers, Christoph Knill, Martina Becka, Die Veränderung von Staatlichkeit in Europe, ein Regulativer Wettbewerb: Deutschland, Großbritannien und Frankreich in der Europäischen Union, Opladen 1994, p. 71.

（一）循环经济政策

德国是世界上最早进行循环经济立法的国家。其德国循环经济法律制度对于欧盟各国，乃至包括日本在内的世界各国相应制度的创建、完善产生了持续与深远的影响。德国是资源缺乏的国家，资源节约利用的意识较早建立，因此德国循环经济概念在内涵上蕴含着实现自然资源循环利用的可持续发展的基本理念。[①] 德国循环经济起源于“废弃物经济”，但随后不断向生产和消费等领域扩展，最终超越了传统意义上的“废弃物经济”范畴。德国在城市中所实施的废弃物“零排放”、播撒环保“绿点”和营造生态“绿洲”等一系列环境保护措施，不断扩充着德国循环经济的覆盖范畴，推动全社会在生态系统的角度去关注资源的节约和循环利用。经过多年的循环经济发展，目前来看，德国是世界上发展循环经济较早、水平最高的国家之一。

20世纪70年代以来，德国企业单位和个人的办公设备、家电电脑及通信设备等电子垃圾日益增多。据统计，德国平均每人每年要扔掉20千克电子垃圾。这些废物无法降解、不可焚烧，且易泄露汞、铬、铅、镉等多种有害物质，污染土壤及地下水。1972年德国出台《废弃物处理法》，开始探索循环经济。20世纪90年代初，德国制定了一系列的循环经济法规。1991年，德国通过了《包装条例》，该条例首次提出“资源—产品—再生资源”的物质循环思路，要求生产者负责废弃物回收和利用的法律。《包装条列》后来成为欧盟制定包装标准的重要依据，几乎是在全球掀起了包装废弃物再生利用的革命。

在不断完善的法律保障下，德国采取许多有力的经济手段推进循环经济的发展。如建立双元回收系统，专门组织对包装废弃物进

① Nathani, Modellierung des Strukturwandels beim übergang zu einer materialeffizienten Kreislaufwirtschaft, Heidelberg, 2003, S. 10. 转引自崔巍：《论德国循环经济法律制度》，《法学论丛》，2015年第5期，第46页。

行回收利用；实施抵押金制度，如果一次性饮料包装的回收率低于72%，则必须实行强制性的押金制度；积极倡导绿色消费，实施政府绿色采购，发挥社会中介组织力量为循环经济的发展服务等。德国率先建立的以“绿点”为标识的双向回收再利用系统（DSD），由于对废弃物回收处理体系周密的设计和高效的运行，为世界各国所称道。其“绿点”标识在170多个国家得到法律保护，并获得了欧盟和世界贸易组织的认可，已成为世界上使用最多的环保标识之一。

1994年颁布、1996年实施的《循环经济与废弃物法》，不仅将原有的物质闭路循环思想从包装问题扩展到所有的生活垃圾方面，而且还促进了德国向循环经济物质流管理阶段的转型。法国、英国、比利时等欧洲国家也于1995年后纷纷效仿德国，开始建立废弃物回收再利用系统。鉴于德国在相关问题上的权威性，欧盟包装回收再利用组织1996年在布鲁塞尔成立。

政府对循环经济的严格要求，带动了德国全民的资源节约意识，推动企业自觉采取行动，节约和回收利用资源。许多厂家如西门子公司等从20世纪90年代便要求设计人员开发产品时就要考虑到它的回收，尽量减少材料与零部件的数目、方便拆卸。目前，德国对废弃物总量的65%实行了再利用，每年可以得到120万吨二次燃料。工业废物，如金属木材余料、废机油、废玻璃、废汽车、旧轮胎等几乎都达到100%的回收利用。特殊的工业废物如蓄电池、有毒化学物质、放射性物料等，均在政府有关部门监督下由专业公司特别处理。德国政府计划最迟于2020年完全取缔垃圾填埋方式。届时，所有的垃圾都必须经过物质和能量方面的预处理和重复利用。

德国推行循环经济不仅促进了资源的节约利用，提高了资源的利用效率、减少了污染，同时促进了循环技术的提升、经济的发展，增加了就业。德国的无害化处理技术、资源循环利用技术、再生能源利用技术、废旧电器回收综合利用技术、生物技术、零排放技术等的研发应用使德国在这一领域保持世界的领先地位。目前德国仅废弃物处理年营业额已超过410亿欧元，从业人口达100万人。

（二）环境影响评价制度

德国自20世纪70年代起就在一些单行法中规定了环境影响评价的要求，并于1990年正式通过了《联邦德国环境影响评价法》。该法在欧盟《环境影响评价指令》（85/337/EWG）的基础上明确定义了一系列重要的概念，详细规定了具体的程序，协调了之前散见于联邦和州的众多部门单行法中的相关规定，理顺了不同位阶和不同部门的相关法律法规的关系。随后的20多年中，德国对该法做了几次比较重要的修改和完善，使其执行更加有效。基于政府的重视、公众环境意识的发展以及深厚的法律文化积淀和先进的立法技术，环境影响评价制度在德国的发展被公认为全球典范。

与其他环境影响评价制度建立和实施较为完善的国家相比，德国的环境影响评价制度中，最有代表意义的是其对公众参与的规定和落实。德国在1990年通过的《环境影响评价法》对具体项目审批程序中的公众参与规定进行了完善和提高。在田野规划（Flurbereinigung）、长途公路干线和航道路线的确定、采矿工程等以前没有对非利害相关人开放的审批程序中引入了公众参与。在2001年新修订的《环境影响评价法》中，增加了公众参与的范围，并规定项目申请者必须提供详细的资料以供公众查阅，包括拟建项目可能对环境造成的影响以及避免和减轻环境影响所采取的措施。而已往这些描述都以环境影响研究的形式给出。

与此同时，随着欧盟不断出台法令，扩大公众的环境参与权，德国环境影响评价活动中的公众参与权也随之扩大。根据欧盟指令《综合防止和减轻环境污染指令》（96/61/EG），在工业设施设备以及垃圾处理领域的众多项目的审批程序中都必须给予公众广泛参与的机会。而2003年的欧盟《公众参与指令》（2003/35/EG）更是直接具体化了公众参与的形式和方式。

较为有特点的是，德国的环境影响评价法中还适用了1991年的《埃斯珀公约》中对跨境的环境影响评价项目中公众跨境参与的规定。除此以外，德国在《环境影响评价法》的第9a条和第9b条分别规定了外国公民参与德国境内具体项目的行政审批程序和德国公民参与在外国的行政程序的相关条件和程序。

关于具体实施，德国在项目规划和实施阶段的环评规定中都明确纳入了公众的参与。德国环境行政法中的许多单行法对具体项目审批程序中的公众参与都有明确的规定，呼应了《环境影响评价法》中的相关规定，使公众参与涵盖了醒目规划、公示、意见反馈、听证等所有重要的环节。而在《联邦自然保护法》和《环境救济法》的保障下，公众可以就未解决的诉求提起司法救济的请求，进一步充分保障了公民的参与权。

（三）环境税费政策

德国自20世纪80年代开始，逐渐增加了环境税的征收力度和强度，经过几十年的发展与完善，德国的环境税收取得了巨大成功，积累了较为丰富的经验。德国的环保收入由三个主要来源：税收收入、财政补贴，以及非税收收入。在德国环境税收中，以能源税收改革为核心的生态税革新法案是环境税收收入的核心内容，其主要的目标是为了减少能源的消耗和环境污染，并且提高就业率。虽然提高了能源的价格，这个法案却以稳健的步伐推动了经济刺激手段在能源领域的应用。例如，刺激了开发现有的潜力以提高能源使用效率、激励开发可再生能源等。

德国的环境补贴政策，随德国政府在不同时期对环保问题关注的不同而有所改变。目前看来，补贴的主要领域是农业环保、废弃物管理，及清洁能源领域。[①]

收费、捐献，以及一些特殊的收费是德国非税收收入的主要形式。收费是指对公众设施服务的一种征税，并且这种征税可以分摊

---

① Federal Environmental Agency（FEA），Sustainable Germany-towards an environmentally sound development，Berlin，1997.

给有义务支付的单位或个人，基本目标是为这些公众设施服务筹集资金。环境收费包括废水和废弃物管理费，遵循排放控制法的许可证管理费。这种收入基本上用于支持咨询和研究开发预防和回收相关有毒废弃物的技术与方法和用于修复该污染所带来的危害。

目前德国以生态环保为核心的环境税主要分为三类：机动车辆税、石油税和包装税。机动车辆税，是针对持有公共道路上运行的国内的机动车辆或持有在国内公共道路上运行的外国机动车辆。目的是鼓励使用公共交通、小型车辆以减少来自车辆尾气的气体污染物和发动机的噪声污染。税率的计算按照车辆的总重标准来核收。石油税，主要针对用作供暖或动力原料的石油、石油制品及其混合物以及天然气（包含润滑油）。石油税的征收主要是促进石油的消费减少，并控制向空气中排放的温室气体，以改善大气环境。包装税，针对消费者最后使用的包装以及一次性餐具、一次性器械，适用于受《循环经济法》及《垃圾法》调整的投入使用的包装。强制征收一次性包装税的目的是提高资源的重复利用率，并减少因包装而带来的环境污染和垃圾处理。在这方面可重复利用的包装具有明显的生态优势。

环境税收所得有专门的用途，并且大部分投入到环境保护和环保产业发展之中，使环境税收实现专款专用。同时，还鼓励个人、企业厉行节约资源，积极争取税收减免和相关优惠政策。德国政府还将部分环境税收通过多种方式奖励或返还给居民和企业，其中最重要的方式就是降低工资中的附加费用和补贴养老保险。税收返还对就业增加的效果较为明显。其基本思路就是：通过补贴养老保险，企业负担的养老保险大大降低，企业用于扩大发展的资金增加，可创造更多的就业机会。

（四）环境志愿协议政策

环境志愿协议是德国环境治理中发挥着极为重要作用的政策内容。环境志愿协议是指政府环境管理部门与企业之间关于企业在规定时限内要达到某种环境目标的协议。由于是政府与企业自愿参与、共同制定，并利用合作协议来促使企业达到环境质量目标要求的双向活动，政府和企业联合开展这些活动往往涉及到某种形式的谈判、监测与评估等管理责任的分担等。通过这些协议，政府购买了企业要达到的政府目标的承诺和保证，企业购买了可预见性、一种有针对性的解决办法和一份能给自身带来实际利益的君子协定。[①] 志愿协议发挥作用以后，在德国环境政策制定过程中影响越来越大。究其原因，一是德国已有的环境政策给予了志愿协议优于法规的特权，二是志愿协议可以在环境政策实施无效时帮助政府实现环境目标。自20世纪80年代初，德国工业界已有了70个志愿协议，其中一部分已发展成为正式的具有法律效力的条文。尤其自1990年后，志愿协议开始起着越来越重要的作用。例如，为了保护气候，有19个德国贸易部门的协议被德国工业界所制定与实施。

德国的志愿协议比其他的欧盟国家多，并呈现不断增长的趋势。目前德国主要推行的志愿协议为“欧盟生态管理和审核计划”，该体系每年对参加的企业或组织的环境绩效进行评估并出具报告，以帮助企业改善环境绩效。由于涵盖ISO14001号文件的全部内容，并且更严格和细致，在提高企业或组织的环境管理方面，被认为更加有效。

（五）新能源政策

德国是世界第七大能源消费国，能源消费以油气为主，向大气排放的污染物较为可观。德国20世纪90年代开始就寻求改善能源结构、降低污染的能源转型道路。2010年9月，德国联邦经济和技术部在《能源方案》中，明确了到2050年实现能源转型的目标。2011年，日本发生福岛核事故后，德国政府做出了永久放弃核电的

---

① 王琪、张德贤：《环境志愿协议的拓展性认识》，《中国环境管理》，2003年4月，第9页。

决定，并正式提出将能源转型作为其能源政策的主导方针。到2011年3月为止，德国的17个核反应堆提供了全国所需电力的22%。其中8个核反应堆在2011年3月被关闭。德国能源转型的宗旨是：2050年提供安全、可支付和环保的能源。

德国将可再生能源及其能效的提升，作为能源转型的核心。德国计划与2008年相比，2050年一次性能耗要下降50%。[①] 近年来，德国的一次能源消耗结构有了较大的变化，清洁能源的消耗比例呈现上升趋势。1970年，德国以万吨标准煤计算的能源总消耗为3.4亿吨，其中煤占41%、石油占53%、天然气占5%、核能占1%；2000年德国能源总消耗为5亿吨，其中煤只占25%、石油占40%、天然气则占23%、核能占12%。多年来，德国有步骤地开发了太阳能、风力、水力、地热、生物能等，并已迈入世界的前列。如在太阳能开发利用方面，1999年德国政府启动了“10万座屋顶太阳能”项目，在住宅区安装10万套光电设备，总容量达30万千瓦，夏天盈余的电量可并入电网中，冬天则可再从电网中获取所需电量。2015年7月25日，德国太阳能、风能和其他可再生能源的发电量创下占该国当日总用电量78%的记录，标志德国以煤炭和石油为主的能源结构向低碳能源转型中已经获得巨大的成效。[②]

（六）排污收费制度

德国所设计的排污费制度是以鲍莫尔·奥茨税为理论模型构筑的，被学界认为是真正意义上的欧洲唯一的排污费制度。[③]德国排污制度与现代水管理制度是一并确立的。德国的排污费制度以排污费

① 李佳慧：《德国能源结构的“清洁转型”》，《中国环境报》，2015年4月23日，第004版。

② 《德国可再生能源发电比例再破记录》，http：//env. people. com. cn/n/2015/0805/c1010－27415137. html，2015年8月5日。

③ Baumol W J and W E Oates，The Use of Standards and Prices for the Protection of the Environment ，Swedish Journal of Economics，1971，73（1），pp. 42－54.

法为依据，目的是达到水质的改善。德国在水体管理方面引入排污费制度主要由于此前的管理手段无法阻止德国水质的恶化。另一方面，对排污费制度的推行也是德国环境法中“污染者付费原则”的体现。为了改善持续恶化的环境，1971 年，德国政府发布了环境保护计划，明确实施了环境保护的污染者负担、预防和合作三原则，其中污染者负担原则须同直接规制和税、附加费等政策同时加以实施。[①] 基于上述考量，德国政府于 1976 年实施《德国排污费法》，并于 1994 年对该法做出了修订。

《德国排污费法》中规定的排污费，是对向公共水域直接排放污水者所征收的一种费用。排污费的价格在制度设计之初被定为 12 马克每立方米，以后按年逐渐提高。如果排放者能够按照技术水准规定的最低要求基准排污，则将所适用的排污费价格降低 50%。德国排污许可证上都严格记载了各排放者应该遵守的年度排污总量。如经计算发现，企业实际负荷担量低于许可证上规定的负担量，就可以向当局事前报告，向政府申请对减少部分排污费负担额的减免。

由于 12 马克的排污费价格对排污者的约束较为有限。为了提高其减排效果，排污制度中做了将 12 马克的价格不断提高到 70 马克单位水平的设计，同时还做了定期修改相应的技术水准的规定。[②] 然而，在实际操作中，考虑到排污分配给企业带来更大的经济负担，适用于大多数排污者的折扣价格没有相应提高，因此价格提高制度基本没有发挥作用。实际上发挥减排激励作用的是提高了的排污基准。因此德国的排污费制度，是充分考虑了其他政策目标的协同，将排污费制度的实施与直接规制（排污标准）、补助金等政策相互配合，来达到综合目标。

---

① Bower B T et al. Incentives in Water Quality Management：Rrance and the Ruhr Area [M]. Resources for the Future，1981：24－36.

② 张宏翔：《德国排污制度环境税的经济效应与制度启示》，《华侨大学学报（哲学社会科学版）》，2015 年第 4 期，第 53 页。

（七）低碳（产品）认证制度

德国低碳（产品）认证制度的发展，是在应对气候变化的过程中，对原有的生态产品认证的低碳化逐渐升级，并且是一个正在探索完善的过程。

德国的低碳认证，主要是在其原有的著名的“蓝天使生态标志”的基础上的发展。德国在 2008 年 11 月举行的蓝天使 30 周年庆典上，宣布今后的发展将在原来的蓝天使环境标志基础上，根据保护对象的不同做出划分，突出碳减排产品的特征。2009 年初，德国蓝天使标志在现有的产品框架下，将蓝天使所有的产品种类进行分类，突出强调产品对保护环境、健康的某个方面做出的积极贡献，让消费者能有更好的判断和选择。[①] 随后，蓝天使将其已认证的产品划分为保护气候、保护健康、保护水和保护资源等几种，并首先推出了“蓝天使气候保护标志”，以授予那些气候友好型产品和服务。目前，蓝天使已编制了保护气候类的产品标准制订规划，并为 100 类气候相关产品制定“保护气候”环境标志标准。

与此同时，2008 年德国政府通过支持“德国产品碳足迹试点项目”，鼓励大制造业企业参与其中，共同开展“产品碳足迹”的研究，以推动低碳认证制度的标准和方法的确定。

（八）环境信息公开制度

德国政府较早就认为，“信息及对信息的获取是有效保护环境的前提条件。只有了解相关的信息，才能参与公共决策，才能对政府有关部门进行有效监督。信息是民主社会的关键。”由于对环境信息公开化的重视，德国的环境信息系统兼顾了部门间和跨部门的互通有无和一致性。

---

① 刘清芝等：《国际低碳产品认证制度（上）》，《认证技术》，2013 年 9 月，第 66 页。

德国等欧盟国家的环境信息公开与共享工作起步较早，从环境信息立法到基于互联网的环境信息资源开发利用，以及地理信息系统等技术在环境信息发布中的应用。德国环境信息立法以欧盟有关指令为指导。欧盟 1990 年颁布了环境信息公开指令（Richtlinie 90/313/EWG），对政府环境信息公开做出规定，确保公众获取公共权力机关所持环境信息的自由和整个欧盟环境信息发布方式的可比性和协调性。2003 年，欧盟颁布新的环境信息公开指令（Richtlinie 2003/4/EG）。新指令除了重申原指令的目的以外，还提出进一步促进环境信息的公众信息获取便利，使环境信息能够为公众最大程度地系统化利用和传播。指令突出了信息社会背景下对环境信息公开的技术性和有效性的要求，强调环境知情权的保护和信息技术发展的结合，要求公共机构利用信息技术电子数据库、公共通信网络主动收集、系统公开和更新相关信息。

在此基础上，1994 年德国颁布了第一部环境信息法，以确保公民自由获取并传播由政府主管部门掌握的环境信息。2004 年 12 月，德国又颁布了新的环境信息法。新法规定政府部门必须提高信息透明度、利用互联网等现代媒体使公众更方便、快捷地获取环境信息或参与管理。为了推动互联网在信息公开化方面的作用，德国各联邦多年来集中统一规划。随着环境问题的复杂性和环境信息的多样化，德国环境管理部门不断地补充完善互联网信息系统，建设了一系列环境信息系统，服务于不同的目标。

为了消除不同信息开发系统之间的兼容问题，联邦政府曾组织各州联合制定了环境领域的信息系统开发方案与计划，以对互联网上的环境信息系统进行布局和使用上的规范化和一致化。联邦与各地方政府合作共建，同步推进环境网络信息的建设与共享。2003 年，德国联邦政府与各地方政府签订了共同开发、维护和运行环境信息网络的协议，并为此成立了专门的工作小组，推动建立跨部门的、统一的环境信息系统，使所有与环境相关的数据信息能在一个系统中得到管理。2006 年德国环境门户网站正式上线，能够提供最新的环保工作动态、环境状况、环境出版物等信息，同时提供功能强大的搜索引擎和环境数据目录及分类索引等。

（九）环境损害救济制度

环境损害是指因人们的日常生活活动、产业活动或其他人为原因，造成了环境污染或生态破坏，进而间接造成特定民事主体的民事权益损害的行为。德国于1991年出台了《环境责任法》，该法是环境污染损害赔偿的专门立法。由于环境损害涉及复杂的利益关系，其救济制度需要多个法律领域的协调，德国政府通过《民法典》《联邦公害防治法》和《环境责任法》等将环境损害的救济分为以物权法为基础的侵害排除与以侵权法为基础的损害赔偿，并通过法律将环境损害行为进行了分类，不同类型的行为适用不同的救济方式。[①]

1. 侵害排除

侵害排除的救济方式适用于邻近关系间的不可量物侵害。[②] 德国的侵害排除有不同方式，包括完全排除侵害、采取防止措施和代替排除侵害的衡量补偿。法律依据为《德国民法典》第906条[③]和《联邦公害防治法》第14条[④]。

其中完全排除侵害是指，受害人在不为当地所通行的使用方法所引起的重大妨害，以及使用者在经济能力上可采取防止措施而未采取的情况下造成重大且为当地所通行的侵害。在第一种情形下，土地使用人未按照土地的惯行利用方法使用土地，就负有防止发生

---

① 晋海：《德国环境损害救济制度及其启示》，《华东交通大学学报》，2014年10月，第122页。

② 关于不可量物，德国《公害防治法》的定义为“对人体、动物、植物或其他物质，足以产生影响的大气污染、噪声、振动、光、热、放射线以及其他类似的环境破坏现象”。

③ 陈华彬：《德国相邻关系制度研究——以不可量物侵害制度为中心》，《民商法论丛》，1996年版，第269—327页。

④ ［德］鲍尔·施蒂尔纳著，张双根译：《德国物权法（上册）》，法律出版社，2004年版，第554页。

不可预料的损害的义务，对于第二种情形，土地使用人怠于采取防止措施，未尽合理注意义务，依客观过错理论，均可认为加害人具有过错。因此，要求加害人排除侵害，实行的是过错责任原则。

采取防止措施，根据《联邦公害防治法》第14条规定，若许可被颁发，则不能基于私法上的权利请求停止设施的运营，只能请求采取保护性预防措施或者损害赔偿。该条规定是对社会经济发展与个人利益的平衡，适用对象为经许可的营业活动所造成的不可量物侵害。依据该条，因受害人承担了公法所施加的较高的忍受义务，且其禁止权受到限制，因此，不要求其证明加害人存在过错。

衡量补偿，根据《德国民法典》第906条的规定，对按当地通行的使用方法使用他人的土地引起重大损害，而且无法期待使用者采取防止措施时，受害人享有代替"排除侵害"的"衡量补偿请求权"。这一规定的法理在于，受害人本有妨害排除的权利，但法律为了平衡邻人之权利义务，对这种权利予以限制，但出于对受害人公平的考虑，允许其提出金钱上的补偿请求，且在这种情形下，加害人一般无过错可言。

2. 损害赔偿

损害赔偿在赔偿责任之外，对环境损害行为份为了"过错责任"和"无过错责任"两类。过错责任的情况是指，人们日常生活活动和无需经许可的营业活动所造成的对他人人身、财产等权利的损害，这类行为所造成的损害范围和程度一般比较小，且加害主体与受害主体具有平等性与互换性，故而适用过错责任。无过错责任，主要通过特定的法律，规定特定情况下的行为。例如，《环境责任法》在民法的一般侵权行为基础上规定了设备责任，并规定特定设备所造成的环境侵权，加害人承担无过错责任。

因此，德国的环境损害救济制度，其实是多个环境法律及民事法律等综合支撑的体系。即不仅只依据侵权法律，在环境损害行为造成了相邻关系间的不可量物侵害时，则基于《民法典》中有关物权的规定对受害人进行救济。同时，因为造成环境损害的行为性质上的特殊性，不仅有《德国民法典》的私法规制，同时也有《联邦公害防治法》《环境责任法》等公法规定对相应损害进行救济。因此，这一制度既能最大限度的进行利益协调，也能对各类损害行为进行有法可依的裁定。

（十）环保团体诉讼制度

在德国环境诉讼按照主体分为个人诉讼和团体诉讼两类。相比个人诉讼，团体诉讼在知识储备、资金支持等方面更有博弈的实力，因此这类诉讼更加容易引起重视，对环境保护领域的影响也更大。由于联邦环保局和自然保护局，属于负责技术标准的行政机关，不涉及政策类问题，具有一定的技术性和政治中立性，能够对于相应环保团体做出客观的技术评估。在德国，享有团体诉权的环保组织由负责技术性问题的联邦环保局和自然保护局进行认定。

环保组织基于普遍的权利而非主观的权利来主张诉讼被界定为团体诉讼。一般有关社会整体性环保利益的诉讼由团体诉讼提出。德国的环保团体诉讼，有三种不同的类型：利己的团体诉讼、公益团体诉讼、团体的团体诉讼。利己的团体诉讼是指环保团体作为受害人提起诉讼；公益团体诉讼是基于违反公共利益来提起的诉讼；团体的团体诉讼是指在除了第二种诉讼方式之外，没有其他办法来参与诉讼，但是认为相应的行政决定可能会存在导致自然环境受到损害的危险，为了保护自然环境，环保团体来提起的诉讼。

德国在《环境权利保护法》中赋予了环保组织有限的诉讼权利范围，并规定只有满足下列条件的环境组织才能够提起公益诉讼：须是联邦或州政府已经正式确认的组织；须被质疑的行政决定违反了环境法律规定且侵犯客观权利；须该行政决定影响了该社团章程所规定的环境保护目标；须是该社团有权并已经参与该项目的环境影响评价程序，或者本有权参与但未给予机会参与该程序。但 2011 年欧洲法院下达了判决，认为以上 2、3 条对于环境团体诉讼的限制是违反欧盟指令的，因此是无效的。现在德国正在修改相关法律，以便落实环保团体诉讼的权利。[①]

为了保障环境保护团体充分行使参与权，德国法律规定环境保护团体享有信息请求权，即环保团体有权向主管机构提出申请，要求查阅相关资料或者获得书面形式的答复。环境保护团体亦有权提起诉讼，请求法院判令主管机构提供环境信息。作为环保团体充分提出诉求的基础，参加环境行政程序的权利被赋予了环境保护团体有权参与《环境影响评估法》《联邦自然保护法》《水法》《污染防治法》《环境侵害法》等法律领域的行政决定程序。

在参加了行政程序并充分表达自己的意见和观点后，如果行政机关没有给予环境保护团体参加行政程序的机会，环境保护团体可以直接提起诉讼，向法院主张自己的观点和异议。起诉权是环境保护团体诉讼制度的核心，是环境保护领域公众参与权最为有效的保障。如果环境保护团体积极行使参加行政程序的权利，行政机关仍然没有考虑公共利益与公民个人利益，环境保护团体有权依据相关环境法律，针对违法的行政决定或者行政不作为提起诉讼，请求行政法院判令主管行政机关撤销、变更行政决定或者实施行政行为。

四、经验总结

德国采用的是社会市场经济的管理模式，强调国家管理中的政府宏观控制，将个人的自由创造和社会进步原则相结合，通过严格的法律手段保障私人企业和私人财产的自由，确保这些权利的实施给公众带来好处、实现社会公平。在环境治理方面，德国政府将环保、绿色纳入政治纲领中，通过宏观指导和严格的制度保障环境管理的效率和民众环境权利的完整性。而对于政府在环境公共产品市场失灵方面的缺陷，德国也是通过第三方的参与来实现，进而整体

---

① 胡岩:《法律视野下的德国环境保护》,《法律适用》, 2014 年第 2 期，第 119 页。

上达到政府与公民社会的环境共治目标。“严”政府 + “强”第三方，形成了德国环境治理的鲜明特征。

（一）民间自觉的环保意识和政府的系统性环境教育，支撑民众充分参与环保

德国人的环境意识是由惨痛的环境灾难和深厚的崇尚自然的文化相碰撞而演化出来的。德国民间有强烈的环保责任感。德国很多环保志愿者协会都是自发成立，致力于广泛的公益环保领域。也有一些产业和私人公司都在意识到自愿协议和环境管理措施的好处后，积极参与这些措施的实施，纷纷加入到节约能源和自然资源的队伍中。在德国，公众和新闻媒体对环境问题都高度关注。为了方便公众监督，环境监测部门每年都向管理部门提交监测公报。监测公报中，列出了超标企业的名录。这些监测成果是公开的，公众可以方便地获取或在网上查找，以接受监督、满足公众对环保的关注要求。

德国公民的环境问题意识较强，且对政府环境治理的推动有较大的力度，使得德国的环境政策能够从最基本的环境管理职能中解脱出来，并转向重点解决环境改善面临的核心矛盾：经济发展与环境保护的矛盾关系。在这方面，其他国家政府往往被基本的环境监督、执法职能套牢，而难以下决心并有精力解决经济与环境的矛盾问题。德国政府意识到公民的有效参与能推动环境问题较好解决，因此较为重视给与公民相关的权利和渠道，推动公民发挥作用。比如，德国法律较早赋予公众对污染空气的行为提起诉讼的权利。如果有企业违反法律规定，造成空气污染，公众有权要求相关部门对企业进行调查，并要求企业按照法律规定整改。如果问题得不到妥善解决，相关部门有权让企业停业。此外，德国的环境法中有关公众对大型项目的参与制度，也极大推动了德国民众从环保角度监督国家重大发展的方向。

德国的环境教育对公众环保意识的提升也有重要作用。德国响应 1972 年联合国《人类环境宣言》中“教育是环境发展过程的核心”的理念，把环境教育置于学校教育的优先战略地位，并将环境

教育渗透式地贯彻到学校教育、家庭教育、社会教育的整个过程。德国环境教育的特色是，从幼儿园、中小学就开展环境保护教育，并以学校教育为主导，联合各种社会资源和民间力量，推进环境意识和环境道德内化为公民的环境道德素养。同时，强调环境教育的创新与实践，积极推进户外教学运动，利用各种环境教育资源和环境教育项目以确保环境教育的务实性。比如，充分利用环保协会、研究机构等非政府组织。

（二）环保融入政党纲领，绿色成为执政特色

德国无论政府还是民间，都有着强烈的环保意识。由于环境政策的好坏成为党派竞选得票多少的重要原因，以至于每个政党都把保护环境作为重要纲领之一。20 世纪 60 年代末，由德国社会民主党和自由民主党所组建的联合政府，更是对环境保护赋予了跟外交、安保、产业、教育等等同的重要地位。

德国绿党的成立及其纲领的制定和完善，使德国绿色政治运动进入一个崭新的阶段。德国是欧洲第一个正式绿党的诞生地。[①] 德国绿党 1980 年基本纲领中阐明的绿党政治四原则或支柱，即生态学、社会正义、基层民主和非暴力。[②] 绿党在德国的环境保护中发挥了特殊且重要的作用。以其核心反对的核能为例，在德国绿党的推动下，德国制定了逐步废除核能的政策。德国曾经在西部的哈瑙建立一家钚燃料工厂，据报道是世界上规模最大的核燃料棒加工厂，耗资达 7.2 亿欧元。由于绿党的坚决反对，这家工厂经过五年的建设，完工后连一根燃料棒也没有生产过，并最终在经营者抗争、等待了两年

---

① 莫神星、伍牧原：《论绿党的崛起与绿党政治》，《华东理工大学学报（社会科学版）》，2005 年第 3 期，第 88 页。

② 郇庆治、刘长飞：《绿色思维：欧洲绿党的新政治观》，《山东大学学报（哲学社会科学版）》，2000 年第 3 期，第 95 页。

之后完全放弃该项业务。①

1994 年德国绿党成为德国第三大党后，对政治的影响更加强化。1998 年起，绿党和德国社会民主党结盟成为德国执政党，开辟了欧洲绿党执政的新时代。② 随着绿党进入全国议会，生态进入主流政治，环境运动步入制度化轨道，生态主义理念成为德国政府决策和施政的核心价值观。德国政府选择了“社会市场经济生态化”的发展道路，将环境保护视为自己义不容辞的责任，推行“积极保障未来的政策”，将生态价值观贯彻到环境与能源政策、经济与社会决策、企业发展战略与公民教育计划等系统工程中，实现了从“经济发展与环境保护矛盾对立”转向“环境、经济与社会协调发展”的发展格局，而德国政府也成为世界各国政府中环境保护的先锋，成为欧盟内部推动环境保护政策的发动机。③

（三）生态科技融入环境治理和教育体系，推动形成环保社会的氛围

德国政府应对环境恶化，本着务实的态度，不仅仅通过制定法律政策，而且切实推动环保生态技术发挥环境治理、监管和素质提升的作用。正因为生态技术的学习和应用，民众对环保更有切实体会，更易使环保成为日常的行为标准和基本的素养。

德国 20 世纪 70 年代开始，一边制定政策，一边研究技术，一边进行环境修复。经过 30 多年的生态修复，德国在 100 多年的工业化过程中对环境所带来的污染得到了较好的治理，在水、大气和土壤恢复方面都有较明显的改善。德国不仅恢复了碧水蓝天，而且利用各种科学技术将渗透在德国土地上的各种重金属和化工有毒物质逐一清除。

---

① 莫神星、伍牧原：《论绿党的崛起与绿党政治》，《华东理工大学学报（社会科学版）》，2005 年第 3 期，第 88 页。

② 王芝茂：《从新社会运动到政党：德国绿党兴起的原因和结果》，《理论界》，2007 年第 1 期，第 217 页。

③ 邢来顺：《生态主义与德国绿色政治》，《浙江学刊》，2006 年第 1 期。

例如，洛伊纳（Leuna）化工园区在其100多年的化工生产过程中，以及在第二次世界大战期间化工园内的化工厂遭到轰炸导致化工原料和产品外泄，对当地以及周边土地和地下水造成了严重的化学和重金属污染，方圆几十公里内许多植物都无法生存。德国政府利用生态技术对园区内土地和水源进行彻底修复。经过十年努力，该园区的地下水虽然还不可以直接饮用，但是地表环境已经可以让植物存活。[①]

在日常的环境治理中，德国政府则利用生态技术对环境状况实行全程控制和监测。为了保证生态环境免遭再次破坏和污染，德国利用科学技术手段建立了比较完善的生态监控网络，通过卫星、飞机、雷达、地面和水下传感系统，建立了遍布全国的生态环境监测体系，对德国气候变化、土壤状况、空气质量、降水量、水域治理、污水处理和下水道系统等进行实时监测。鲁尔地区所在的北威州共设有70个空气监测站，检测结果即时公布，任何人都可以随时通过网络等工具查询大气中可吸入颗粒物和氧化物等含量。生态监控网络有效地保证了德国生态环境免遭再次破坏和污染。

在对民众进行环境教育中，德国政府也并非纸上谈兵。而是积极利用科学技术开展现身说法，提升民众的环保素质。德国的环境教育分为日常环保习惯的培养和环保基本知识两部分。家庭垃圾分类等习惯养成教育从幼儿就开始进行，环境专业知识教育则贯穿德国整个学历教育体系。以鲁尔工业区为例，在20世纪60年代之前，鲁尔没有一所高校，而目前该区拥有58所高等院校，共有47万在校学生，环境教育普及高等院校。除了高校的环境专业之外，德国政府还建立了许多环境教育机构对公民进行专门培训，以便政府官员、企业技术人员、环保NGO成员以及普通市民及时了解并掌握各种环保技术和环保法规。比如，北威州政府于1983年创立的莱茵豪森教育培训中心（BEW），现在每年培训几万名学员。

---

① 刘仁胜：《德国生态治理及其对中国的启示》，《红旗文稿》，2008年第20期，第33页。

（四）严格、完善的环境执法监督体系。

环境执法监督是保证环境治理成效最重要的环节。为了加强环保执法，德国设立了环保警察，环保警察除通常的警察职能外，还有对所有污染环境、破坏生态的行为和事件进行现场执法的职责。警察承担环保现场执法工作，充分发挥了警察分布范围广、行动迅速、有威慑力等特点，极大地增强了环保现场执法的力度，保证了执法的严肃性和制止环境违法事件的及时性。

德国从20世纪70年代开始建立环境监测网络，对水域（包括地下水）、空气、土壤、高速路、物种多样性进行监测、分析、评估，为环境政策的制订和执法提供依据。在德国莱茵河沿岸各州内部，各州环保局都建立了州内的监测系统、早期预警监测系统（包括预警监测站、长期观测站、基础监测站、强化监测站、趋势监测站）。主要是为自来水厂提供信息，追踪污染事故和非法排放行为。同时，还对排污许可证申请单位的废水样品进行检测，以决定是否符合排放标准。国际之间、州际之间也均进行严格监测监督。对于超标排放的工厂或单位，政府责令其纠正，否则就收回排污许可证和生产许可证，令其停业整顿并予以重罚。另外，通过建立专门的机构和严格的监督机制，督促生产企业必须要向监督机构证明其有足够的能力回收废旧产品才会被允许进行生产和销售活动，并监督企业开展废料回收和执行循环经济发展要求的行为。

除了执法和监测的落实，司法对公民社会的环境救济，也对社会环境监督力量起了非常大的支持作用。德国环境法中的司法保护主要指行政诉讼。[①] 德国司法保护的范围包括对个人权利和对公益的保护，覆盖了环境利益的直接和间接受益人的权益。环境诉讼的存在，使得政府在环境保护中的不作为有了被监督的通道。

---

① Sabine Schlacke, Rechtsbehelfe im Umweltrecht, in Sabine Schlacke, Christian Schrader, Thomas Bunge（Hrsg.）Informationsrechte. ? ffentlichkeitsbeteiligung und Rechtsschutz im Umweltrecht, ESV Verl. 2010, S. 377.

因此，德国政府自身执法的自觉性和社会监督的有效性，既保证了自上而下的环境管理效率，也疏通了自下而上的监督渠道，对环境保护的效率有双重的促进作用。

（五）以环境税的征收和分配，平衡环境利益

德国环境治理的经济手段包括按照“环境资源有偿使用”和“污染者付费”原则征收环境税费及其分配等。环境税的征收，使环境利益有了货币化的体现，同时也使环境治理有了稳定的资金保障。征收环境税是促进环保、保护生态、平衡环境利益的有力法律杠杆，在很大程度上促进了德国产业界开拓节能潜力，开发和利用可再生能源，研制节能产品和节能生产工艺，提高公民对低耗能节能型产品的使用意识。

德国的环境税虽只有三大类税目，但是范围非常广，包括环境污染、生态、资源、环境保护的很多方面，税种包括了碳税、硫税、汽车燃料税、电力税、发动机交通税、废弃物最终处理税、包装税、水资源税等，目的是加强对大气、水及声环境的保护，同时减少垃圾排放。此外，德国对于城市及生活聚居环境单独设置了特别税收，其中包括固体废物税、城市拥挤税、动植物保护税和农药化肥使用税等。除了对汽油、柴油等征收消费或增值税外，还设置了碳税、二氧化硫税及水污染税等具有明显针对性的税种。

近年来，德国影响较大的是生态环保税的设立和征收。1997 年京都世界气候会议，欧盟宣布到 2012 年将二氧化碳的排放量减少 8%，其中德国分摊的份额为 21%。为此，德国政府除出台了全国气候保护纲要及能源节约条例外，还通过经济手段，促进能源的节约使用。由于各种能源的价格依然较低，德国政府决定自 1999 年 6 月开征生态保护税，以便压缩原始能源的消耗，进一步开发利用再生能源。1999 年 4 月《生态税改革实施法》在德国生效。改革主要涉及石油、汽油、取暖油、天然气和电力等能源。2003 年，德国又颁布了《进一步发展生态税改革方案》，将税收从按劳动力因素负担转

为按环境消费因素负担。除了专门的生态税，机动车辆税与包装税等特别税收的实施补充了生态税的不足。德国的机动车辆税向机动车使用者征收，主要针对交通法上许可的总重量在3.5吨以下的载重汽车、公共汽车以及机动车辆，每200公斤（或以下）每年须缴纳数额不等的税款。包装税根据《商品包装条例》征收，目的在于避免或减少包装对环境产生的负面作用。既要避免包装垃圾，也要将包装的重复利用、原料利用以及其他形式的利用置于包装垃圾清除的优先地位。

德国目前围绕“生态环保税”的税收体系，将各相关方的利益紧密联系起来，通过税收及其分配，将环境利益从污染损害者向污染受害者转移，使得各方利益得到较为合理的再平衡。

（六）支持环保产业，加快绿色发展

20世纪70年代以来，德国进行产业结构的调整，使国民经济的重心逐步向第三产业相关部门转移，力争实现产业结构变动的“软化”或“绿色化”。在这一过程中，德国政府努力寻找经济发展与环境保护相互促进的增长点，注重产业结构的优化，大力发展第三产业，将产业重点由能源消耗型的重化工业逐渐转向汽车、电机等技术密集型产业。事实上，自20世纪50年代以来，德国的第三产业就呈明显的递增趋势。目前，德国在环保、能源等产业技术开发方面已超过美国，居世界首位。通过一系列的科技进步措施及有效的经济结构调整，德国已逐步由资源型经济过渡到技术型经济。1960—1995年，德国的能源利用率提高了31%，水资源利用提高了36%，原材料利用率提高了49%，有力地促进了德国生态环境的改善。

除了产业政策上的重视，值得一提的是，德国政府对环保技术的推动也大大提升了环保产业的发展进程。在立法阶段，德国界定和建立法律概念与法律规范时，就充分考虑预留科学技术将来的发展空间，授权联邦政府或者州政府的相关职能部门在行政法规或者管理规章中就法律的实施做出更为具体的规定，以适应科学技术的发展特征。20世纪70年代，德国开始不断颁布法律法规，把科学技术的标准放在环境立法体系中加以规范，使科学技术对生态的破坏和环境的污染得到预防和控制的同时，也促进了环保技术的开发和应用。德国政府不断加大环境保护技术研究和开发的投资，仅从1975—1985年的10年间从6580万美元增长到23640万美元。[①] 据德国环保局统计，目前国际市场上约20%的环保产品来自德国，每年出口价值达到350亿马克。全国现有从事环保工作的企业达到1万家，技术开发实力在全球首屈一指的。目前在欧洲专利局登记注册的环保技术专利中，约50%是德国企业。德国目前的环保产品每年的增长超过6%，并且在未来有可能达到10%的增速。德国环境产业所创造的就业人数也从2004年的150多万人增长到2014年的400多万人。[②]

2012年1月31日，德国环境部发布了自2009年以来的第二个《德国环保产业报告》。报告显示，德国环保产业已成长为年产值760亿欧元，占世界环保产业贸易额15.4%，就业人数近200万，近80%的环保产业生产领域为研究和知识密集型的德国的支柱产业之一。德国环保产业的发展，为德国的节能减排做出了巨大贡献。在1990—2010年间，德国的单位GDP能耗下降38.6%，单位GDP原料消耗甚至下降46.8%，大气污染排放下降56.4%；80%的建筑垃圾，63%的生活和生产垃圾，实现循环利用。[③]

（七）重点治理突出环境领域，及时解决紧迫民生问题

大气与水是人类生存必须的环境条件。德国早期的环境恶化，

---

① 季杰：《德国发展环境保护的举措与实效》，《上海环境科学》，2002年21卷2期，第107页。

② 朱汉祺：《德国环境外交的经验与启示》，《公共外交季刊》，2016年第1期，第36页。

③ 《德国制造的未来——德国环保产业》，http://www.most.gov.cn/gnwkjdt/201202/t20120228_92767.htm，2015年12月1日。

在大气和水体的污染方面存在问题较为凸出，对居民的生存产生严重威胁。重点攻关大气与水体的污染治理，是德国早期环境治理的核心工作。调动全社会力量开展针对性的环境治理，也成为德国环境治理较快见效的原因。

20 世纪 60 年代，德国针对大气污染问题，开始进行热电厂、高炉及汽车尾气的治理，以减少大气中的二氧化硫、二氧化碳、氮氧化物及悬浮颗粒的含量。为此，所有的热电厂、高炉陆续通过技术改造安装了脱硫除尘设备。到了 80 年代，联邦政府又重新规定了热电厂排放硫和氮氧化物含量的更严格标准，推动燃煤设施改燃天然气，城市实现集中供热。没有集中供热的居民区也都配置了清洁的燃油、燃气锅炉，居民区的燃煤设施已经绝迹。80 年代中期，德国煤炭深加工的研制也取得了世界的领先地位，科隆和欧勃豪泽的科研人员开发了煤炭气化和用煤生产甲醇设备，并快速投入批量生产。至今，德国的厂家在这一领域一直保持着竞争优势。

为控制汽车尾气的排放，联邦政府除通过税费的征收鼓励个人使用小排量发动机汽车外，早在 1984 年各地的加油站便开始向用户提供无铅汽油。为尽快普及无铅汽油，政府对无铅汽油实行了每升减税 2 芬尼的措施，并鼓励在汽油中添加其他替代成分，如乙醇。到 20 世纪 90 年代中期，德国生产的所有汽车都安装了只能使用无铅汽油的废气三元催化净化装置。此外，开展城市绿化也是净化城市空气的重要措施。德国的城市规划中除建筑规划外，还包括绿化规划。因此，尽管德国能源消费居欧洲首位，但仍保持较好的空气质量。

而在水体污染治理方面，德国在 20 世纪 70 年代，许多内河湖泊被严重污染，以致河水逐渐发黑变臭。当时，流经德国最大的河流莱茵河被戏称为“欧洲最大的下水道”。为此，联邦政府责成专门机构对内河水域环保状态的监管，定期发布详细的监测数据，以采取相应的治理措施。同时在环境保护法中明确规定：新建企业用水不得超过当地年降水量一定的百分比，以防过度排放工业废水，并规定了废水经处理后必须达到的标准。与此同时，联邦及地方政府扩大了污水治理的投资，施工埋设了专用的下水道，仅莱茵河流域就修建了数百个污水处理厂，使原来直接排人河道的污水得到净化处理，河水的含氧量恢复了正常值，保持内河水域的清洁。近年来，水资源法等有关法规又提高了废水处理的质量标准，并规定为1万人以上的居民提供废水处理的净化设备须具有三级清洁处理程序。

（八）环境外交成为国家发展的重要推动力量

德国作为二战后的战败国，很长一段时间在国际外交领域没有话语权。但环境国际合作领域，在几十年前并不被政治家们所看重。德国较早意识到环境外交在全球经济政治合作领域影响的潜力，积极提升自身在国际环境外交领域的权威和声誉，为自身在产业国际化发展方面开拓了空间，使环境外交成为国家发展战略不可或缺的一部分。

1949年，德国的联邦劳工部开始监管德国环境相关的国际国内事务，成为德国最早开展环境外交的政府部门。当时环境外交的主要任务是与周边国家协商经济发展所带来的环境领域议题，意在协商解决阻碍经济发展的环境问题。但直到维利·勃兰特（1969—1974年）上任，德国成立了环境保护规划署后，德国在国际环境领域才逐渐开始引人注意。这段时期，德国在欧洲环境领域成为领先的环境数据中心和信息搜集中心，并且多次在国际环境保护协作中提供科学权威数据，逐渐树立了自身在环境科学领域的地位。

1983年，德国绿党通过大选进入联邦议院，德国的环境外交事务得以务实启动。由于在国际环境谈判当中采取积极务实的态度，德国的环境外交工作无论在国内还是国际都获得了良好的印象。尤其在东西德统一后，德国几乎参加了环境相关的历次国际大型会议，并通过提出有效解决方案、充当“组织者”“润滑剂”的作用，在会议的推动方面发挥了重要作用，大大提升了自身的影响力。例如，1992年《联合国气候变化框架公约》签订之后，围绕《京都议定书》谈判各种利益矛盾和争论的解决，德国就发挥了关键性作用。

与此同时，德国国内也在不断通过绿色技术革命来推动产业转型升级和国家可持续发展，在相关领域获得了国际领先的声誉。多年来德国国内不但持续提升产业的绿色（环保）标准，并较早的开始以发展新经济产业为核心的世纪产业结构的调整。作为对国内发展战略的呼应和推动，德国在相应的国际环境协定的实施中，积极充当表率作用。1992 年，在里约举行的联合国环境与发展大会当中，欧盟计划 2020 年将温室气体排放量减少 30%，而德国总理科尔则提出德国计划在 2005 年即完成减排 30%，且 2020 年达到 40% 的承诺。2007 年于德国本土举行的八国峰会中，德国首先倡议各国到 2050 年减排 50%，而德国自己则将目标定位在 80%—90%。

德国环境外交促进策略与国内发展战略的相配合，不仅仅促使其在国际环境外交领域的权威作用不断提升、对外良好的环保形象得以树立，也大大加快了其国内产业的转型升级，并为国内环保市场走出去开拓了道路。德国利用国际市场倒逼国内产业及技术升级的方式，从长远来看，推动了其国内形成产业升级转型的自觉机制，使经济发展和环境改善的目标同时得到满足，环境与经济的传统矛盾得以很好的解决。

第三节　日本

日本是当今世界的经济强国，同时也是环保强国。二战结束后，日本将国家发展的重点放在经济增长上，对环境保护没有给予足够的重视，一度成为世界上环境污染最严重的国家之一。20 世纪世界八大环境公害事件，日本独占半壁江山。但日本政府很快采取了一系列政策措施，较快地扭转了这一形势，出现了经济发展与环境保护和谐共存的局面。日本的环境管理发展历程可分为三个阶段：20 世纪 50—70 年代的“防治公害”阶段、20 世纪 70—80 年代的“保护环境”阶段和20世纪80—90年代的“环境治理”阶段。

二战前，由于对矿产资源的过度开发，日本就已存在“矿害”问题。例如，煤炭产地地面的下陷、洗煤沸水造成的水域污染、尾矿矿难等问题。日本最早发生的公害事件包括：1887年的足尾铜矿山的矿毒事件，1897年的别子铜矿山的烟害事件等。鉴于是局部暴发，而又缺乏相应的法律制度约束，这些问题没有引起太大重视。二战后，在发展军需工业的政策下，日本经济实行了以重工业和化学工业为中心的、以生产力扩充和粮食增产为总方针的发展路线。公害型产业迅速在日本发展。但起初日本国内对于局部出现的环境事件基本以应付的态度来对待，对于建制管理，则认为为时尚早。而且当时的关注点为“环境恶化导致的公共健康问题”，因此相关问题的处理仅限于公共卫生领域，以保障人的基本健康卫生为目的。例如，《污物处理法》《清扫法》的制定就基于这一考虑。[①]

然而，重工业的快速发展带来严重的工业污染，使日本早就存在的“水俣病”等很快进入环境公害集中爆发期。水体、大气、土壤污染加剧，生态破坏严重，引起种种连锁反应。例如，1953年在熊本县发现第一个因甲基汞中毒的“水俣疾”病患者后，很快在西部海岸的新鸿县和南部的鹿儿岛县又相继发生“水俣病”；1955年在四日市发现第一个因大气污染而得气喘病的患者后，到1956年气喘病已迅速蔓延到川崎、尼崎、大阪等各个城市；1955年在神通川下游发现了炼铅工业废水引起的骨痛病患者后，到1968年骨痛病患者已遍及黑部川、铅川、二迫川、礁水川、柳瀚川等七河流域……

日本环境恶化累积到20世纪70年代引起了日益尖锐的社会和政治问题。政府不重视、企业不负责任，使日本民众十分愤慨，经常举行示威游行，抗议申诉，甚至发生多起示威群众与警察武斗事

① 卢洪友、祁毓：《日本的环境治理与政府责任问题研究》，《现代日本经济》，2013年第3期，第14页。

件。民众高涨的反公害运动推动了政府进行公害控制立法的步伐，迫使日本政府不得不付出大量人力、物力，寻求解决污染问题的途径。1965 年日本第一次使用“公害病”来定义环境问题导致的健康疾病。1967 年《公害对策基本法》颁布生效。随后《大气污染防治法》等陆续出台。

1971 年日本设立了专门负责环境问题的部门——环境厅。并且在民众的呼吁、学者的推动下，日本政府对环境问题越来越重视。但由于当时的管理方式较为简单，效果并不明显。与此同时，20 世纪 70 年代开始的全球能源危机问题和国内对环境意识的不断提升，日本政府逐渐从战略、理念上审视环保问题，并形成了具有自身特点的环境治理。

一、法律制度

最初日本控制和治理环境污染，主要是依靠技术改进，但在实践中逐步认识到，单纯依靠技术措施不能有效解决环境污染，必须成立环境保护专门机构，制定环境保护法规，以法律手段来控制污染、保护环境。1967 年，召开的第 55 届国会上制定了《公害对策基本法》，提出要在与经济发展相协调的前提下保护国民健康和维护生活环境。

《公害对策基本法》中，经济优先于环保的立法思想反映了当时日本政府对环保问题的认识。这与此前日本针对专门的环境问题而制定的法律原则相一致：《水质保护法》《煤烟法》的条款中也规定了“与经济全面发展相协调”的原则。[①]《公害对策基本法》的颁布与实施，为开展涉及人体健康的环境破坏行为的管理与防治做出了法理上的铺垫，从管理、技术、监督的角度，为工业环境破坏行为治理的法规政策和行动的制定与实施做了支撑。

---

① ［日］桥本道夫著，冯叶译：《日本环保行政亲历记》，中信出版社，2007 年版，第 67 页。

由于将经济发展置于环境保护之上，日本已经恶化的环境并没有因为《公害对策基本法》的制定而得到明显改善，公害事件反而更加频繁出现。基于大气污染的影响，日本不仅发生了以四日市为首的气喘病，在名古屋南部临海工业集体住宅区附近还由于粉尘造成温室蔬菜被污染事件。在水质污染方面，在大城市周围的河水生化需氧量都超过了规定的 10ppm 的浓度界限。海洋污染方面，濑户内海等地经常发生红潮。1970 年 7 月，于东京都的杉井区高中还发生了光化学烟雾中毒事件等等。①

事实上，在《公害对策基本法》制定之初，“与经济发展相协调的前提下保护国民健康和维护生活环境”的有关规定，就遭到了日本广大群众的强烈批判。1970 年日本第 64 届国会，修改了《公害对策基本法》，将“环境与经济健康发展相协调”的条款删去，补充了“防治公害对维护国民健康和文化生活有极大重要性”的规定。同时，《大气污染防治法》所规定的同样条款，也予以删除。

随着工业的进一步发展，《公害对策基本法》明显难以应对环境治理所需的法律基础。尤其，日本将公害限定为“由于工业或人类其他活动”所造成的相当范围的“大气污染、水质污染（包括水质、水的其他情况和水底底质恶化）、土壤污染、噪声、振动、地面沉降（矿井钻掘所造成的沉降除外）和恶臭气味，以致危害人体健康的生活环境的状况”，是对当时日本出现比较严重的工业健康问题的针对性治理，具有特定性。由于不包括工业污染间接导致或者其他行为导致的自然环境恶化的应对，面对“气候变化”等影响日益广泛的环境问题时，日本的环境法律显然是不足的。经济合作与发展组织在对日本环境问题的评论报告书中，也曾经指出：日本的环境对策，虽然在防治公害的战斗中取得了胜利，但是在为提高环境

---

① 康树华：《日本的〈公海对策基本法〉》，《法学研究》，1982 年第 2 期，第 63 页。

质量的战斗中，却还没有完成任务。[①]

1972 年的《自然环境保全法》，成为了当时与《公害对策基本法》平行的环境基本法，反映了日本的环保行动从单纯的公害防治，扩展到了自然环境保护。《自然环境保全法》也是对《公害对策基本法》关于加强自然环境保护规定的具体化。它对自然环境的认识体现了环境可持续保护的理念，尽管法案的调整仍只在局部环境保护的范围内进行。

由于以上法律不包括应对日本在新时期出现的跨越公害和自然环境保全领域的新类型环境问题，环境立法所确立的相应环境管理手段并不充分。《公害对策基本法》《自然环境保全法》虽然在防止公害和环境保全方面收到了一些成效，但是从立法模式上看，均属于末端控制为主、被动应付式的法律。而且环境立法只强调了日本国内环境问题的对策，没有关于全球环境保护合作的安排。[②] 1991 年 12 月，日本中央公害对策审议会和自然环境保全审议会以“地球村时代环境政策的实况”为题召开了咨询会议，会后提出了制定新的《环境基本法》的构想。[③]

1993 年日本颁布《环境基本法》，其中第一条就明确规定其宗旨是“确保现在及将来国民健康与文化生活，为人类福利做贡献”。《环境基本法》取代了《公害对策基本法》和部分取代了《自然环境保全法》，为日本在新世纪环境政策的转变提供了契机，促使日本环境保护的政策由过去的以防止公害为主朝着以减少对环境的负荷为主的方向转变，脱离了过去的应急性法律框架为核心的模式，在环境行政以及单项环境立法方面都带来了实质性的影响。《环境基本

---

① ［日］金泽良雄著，康复译：《日本施行公害对策基本法的十二年——法的完备与今后的课题》，《国外法学》，1981 年第 4 期，第 51—59 页。

② 杜群：《日本环境基本法的发展及我国对其的借鉴》，《比较法研究》，2002 年第 4 期，第 55—64 页。

③ 汪劲：《21 世纪日本环境立法与环境政策的新动向——以构建与地球共生的“环之国”为目标》，《环境保护》，2006 年 12B 期，第 68—71 页。

法》确立了对整体环境（包括环境污染、自然资源、原生环境等）进行保护的法律框架，成为日本第一个综合性的环境基本法，将日本的环境法律由公害法体系过渡到生态环境管理法体系。另外，《环境基本法》完善了环境法的基本理念，向社会阐明为什么要进行环境保护，也完善了环境法律制度和政策措施，增加了环境基本计划、环境影响评价、控制性措施、经济措施等内容。尤其环境基本计划，作为全新的政策措施，是为保证国家在环境保护中能够统一行动、协调管理，是在所有社会主体公平承担任务的前提下，由政府统一、有计划地确定整体环境保护的方针政策、各项环境保护措施。

《环境基本法》是日本在环境方面实施可持续发展的法律依据，也是日本积极主动参与全球环境保护的起点。[①] 尤其，《环境基本法》从责任、权利（环境权）、监督评估（环境标准、环评制度）方面给予了明确的界定，为日本从单行法的制定、政策措施的具体化方面打下了坚实的基础。《环境基本法》出台后，1997 年 6 月《环境影响评价法》得以颁布。2000 年，日本又颁布了《循环型社会基本法》确立了建设循环型可持续发展社会作为日本经济社会发展的总体目标。

21 世纪以后，日本国内环境法的发展基本上与国际法同步，并围绕所参加的国际公约、协定，对国内法的完善和补充。例如，围绕《生物多样性公约》的实施，日本 2000 年以后不断修订《自然公园法》，增加了“动植物保护对风景保护而言非常重要”的表述，规定了国家有义务采取措施确保生态系统和生物多样性，在第一条的立法条目中增加“致力于确保生物多样性”的规定等。[②]

---

① 杜群：《日本环境基本法的发展及我国对其的借鉴》，《比较法研究》，2002 年第 4 期，第 55—64 页。

② ［日］交告尚史、臼杵知史、前田阳一等著，田林等译：《日本环境法概论》，中国法制出版社，2014 年 8 月第 1 版，第 18 页。

二、管理机制

1971 年日本建立环境厅之前，环境管理相关的机构分散在政府内阁或以临时性机构的名义存在。随着环境问题越来越复杂，作为对《环境基本法》及《环境基本计划》颁布实施的回应，2001 年，日本根据《省厅改革基本法》和《环境省设置法》将原来的环境厅升格为环境省，环境省长官成为内阁主要成员。环境省的职权由控制典型公害和保护自然环境为主，扩大到承担“良好环境的创造及其保全”等重要事务。

环境省按照不同职能又分为大臣官房、废弃物再生资源利用对策部、综合环境政策局、环境保健部、地球环境局、自然环境局、环境调查研究所、地方环境事务所等九大部门。各个地方政府也设立了相应的环保管理机构。但地方环境管理机构只对当地政府负责，环境省不直接对应地方环境机构，而是通过地方政府开展环境保护活动。地方政府对环境省直接负责。为了解决跨区域环境问题，日本在环境省下又设立了地方环境事务所（类似中国的区域监察机构），负责构筑国家和地方在环境行政方面的互动关系。地方环境事务所是环境省规模最大的一个部门。[①] 日本环境治理形成了由中央（环境省）、地方、地方环境部门组成的三层结构。中央（环境省）统筹环境治理大局，通过制定法规政策标准指导地方工作，具体工作由地方政府管理、地方环保部门实施，属于跨区域的问题由地方环境事务所来协调。在日本的中央政府机构中，其他与环境保护有关的政府机构也必须承担相应责任。其中，经济产业省是日本推动环保工作的重要机构。在该省 15 个大的政策领域中，明确与环保有关的领域就有九个方面。[②]

---

① 卢洪友、祁毓：《日本的环境治理与政府责任问题研究》，《现代日本经济》，2013 年第 3 期，第 76 页。

② 日本经济产业省网页：『経済産業省の政策分野』，http：/ /www. meti. go. jp / main /meti_ policies. html。

在执行方面，有严格的法律及司法程序保障相关人的利益。例如，《大气污染防治法》规定，对于锅炉等煤烟发生设施，应当设定烟煤的排放标准，对于标准的设施，要通过行政命令的方式确保得到遵守，否则就要追究法律责任。对于性质恶劣的违反排放的不法行为人，不必经过警告灯行政处分，直接可从形式司法程序开始处理（所谓“直罚”）。①

而监督执行方面，在严格的污染限定标准政策之下，设立有公害对策审议会、各级环境审议会、公害健康被害补偿不服审查会、独立行政法人评价委员会等。日本环境审议会制度，由专家学者、退休的各级官员、企业代表及市民、NGO 等组成的咨询方为政府提供环保咨询意见。这些监督机制与公众的充分参与结合在一起，最大限度地保障环境治理目标和效率的实现。从日本社会环境保护历程看，公民参与环境管理的机制已渗透到环境管理的全过程。

日本的公众参与机制可划分为预案参与、过程参与、末端参与和行为参与四种。预案参与是指公众在环境法规、政策、规定制定过程中和开发建设项目实施之前的参与，是事前参与；过程参与则是在建设项目实施过程中的参与，是监督性参与；末端参与与过程参与并无严格的界限，是指一种把关性的参与；行为参与是指公众采取自我行动的参与，它是公众参与环保的根本，是一种自觉性参与。日本政府在法律政策上对公众参与环保的鼓励和推动，也强化了公民对环保问题关注的自觉性。现实中民众参与的比较明显的体现是，日本民众在生产、生活、消费等环节对环保的自觉遵守和自我约束。

另外，日本在教育体系中融入环保理念的做法，也促进了公众环保意识的提升，对环保的监督实施，也起了重要作用。2003 年，日本制定了《有关增进环保意愿以及推进环保教育的法律》，使民众从小培养环境意识，推动社会形成环境保护的道德风尚和自觉监督

① ［日］交告尚史、臼杵知史、前田阳一等著，田林等译：《日本环境法概论》，中国法制出版社，2014 年 8 月第 1 版，第 185—186 页。

环境问题的深灰氛围。

三、环境政策

与日本的环境法律发展的各个阶段相对应，日本环境保护政策经历了本国工业污染治理阶段、参与全球环境治理阶段，环境政策工具经历了从单一的命令控制型向包括社会监督在内的综合政策工具的转变。

（一）政策演变背景

20世纪70年代末期前，日本的环境政策与环境法相配合，主要应对工业污染带来的人体伤害问题，也可以称之为公害应对阶段。政府在环保政策的制定与实施上态度坚决，重视直接的、行政的管理，对社会经济活动制定直接的限制措施。尤以汽车尾气标准制度与实施最为典型。但由于环境问题的影响具有持续性、隐蔽性，尽管在出现系列公害事件后日本政府及时地采取了一系列公害对策，但是实施效果却并不明显。其中影响环保效果最重要的原因是，当时日本专注经济发展，环境保护的优先性弱于经济发展。特别是20世纪70年代开始的世界能源危机和日本国内的经济滞胀，使恢复经济成了日本政府最紧迫的政策目标，环境政策没有进一步展开，有些方面的管理甚至放松。例如，1978年，政府无视受害者群体和研究者的大量批判，放宽二氧化氮排放标准。[①] 1987年，日政府暂停《公害健康损害补偿法》。中曾根康弘政府做出暂停“认定污染受害者经过认定后会获得补偿的决定”，认为“我们不再有污染问题，只有环境问题”。[②]

20世纪90年代，日本进入经济扩张（泡沫）阶段后，随之而

---

① ［日］船桥晴俊、寺田良一：《日本环境政策、环境运动及环境问题史》，《学海》，2015年4月，第68页。

② ［日］船桥晴俊、寺田良一：《日本环境政策、环境运动及环境问题史》，《学海》，2015年4月，第69页。

来国民的优越性心理和日本人开展海外投资需要扩大自身国际影响力的需求，促使日本开始寻求建立国际新形象。对日本来说，与树立政治形象相比，树立环境形象的成本和难度更低，而且全球环境责任的承担也意味着本国产业转型（环境友好产业）有了广阔的潜在市场。因此，积极树立国际环保形象，并争夺环境治理主导权成为 20 世纪 90 年代以来日本环境政策的重要内容之一。尤其，气候变化导致的温室效应等带来的城市环境和全球环境问题引起人们越来越多的重视，日本的环境政策趋向于解决这些典型环境问题。1992 年，联合国环境规划署里约峰会的召开，推动了日本以及世界上许多其他国家环境政策的制定。日本自 1993 年制定《环境基本法》以后，环境政策重点开始转向全球环境问题和国内的废弃物循环利用问题。许多城市在 20 世纪 90 年代早期通过了《环境基本条例》。考虑到对外形象的树立、市场的开拓，许多企业主动对接环境管理的理念，并关注如何减少他们的经济活动所带来的环境负担。

进入 21 世纪以后，日本官方及民间对环境保护的统一认识，推动日本政府提出了经济社会环境协调发展的更高目标——“构建与地球共生的‘环之国’”[①] 的目标，将“循环、共生、参与、国际合作”作为环境保护的主要内容。2000 年，日本内阁对 1994 年环境基本计划进行了修改。新修改的环境基本计划将“循环”“共生”“参加”和“国际合作”作为日本环境保护的四个长远目标，并且在“21 世纪初叶开展环境政策的方向”部分，明确提出了将日本构建成为可持续社会的总目标。[②]

日本《环境基本计划》的发展变化就体现了以上政策的演化特征：1994 年日本《第一个环境基本计划》倡导“循环、共生、参

---

① 2001 年日本发表的《环境白皮书》还对“环之国”做了如下诠释：倡导“环之国”的目的是要将日本 20 世纪给世人留下的“大量生产、大量消费、大量废弃型社会”的印象在 21 世纪转变为“重视可持续与朴素质量的循环型社会”的新形象。

② 汪劲：《21 世纪日本环境立法与环境政策的新动向——以构建与地球共生的“环之国”为目标》，《环境保护》，2006 年 12B 期，第 69 页。

与、国际相关事务”，到了2000年的《第二个环境基本计划》则主张“污染者负担、环保效率性、预防性方针、环境风险”，而2006年《第三个环境基本计划》开始强调“环境、经济和社会的综合提升”。在《第三个环境基本计划》中，日本明确了今后环境政策落实的方向：环境、经济和社会的全面提升；加强技术研发，采取必要措施应对不确定性；发挥国家、地方政府和国民的新作用，推进各主体的参与和协作；推进环保人才培养和环保地区建设。[①]

几十年来日本的环境政策工具，经历了“命令控制”的单一类型，转向命令控制与经济激励和社会管理相结合的综合工具体系的过程。命令控制类的政策工具以末端处理为主旨，治理效果并不理想。经济激励手段和社会管理手段侧重于环境预防和全过程的监督，二者与命令控制类的管理手段相结合，对环境治理和参与主体的激励和约束最为明显。目前日本已形成了包括环境影响评价制度、污染物排放标准与总量控制、污染申报登记制度、污染赔偿制度、环境税、财政补贴制度、循环经济政策、绿色采购制度、ISO体系认证制度、环保公众参与渠道设计等多种管理形式的政策体系。

（二）主要政策

1. 环境影响评价制度

日本的环境影响评价制度是在环境治理的实践中逐渐形成的。针对不断恶化的环境现状和相应管理制度的缺乏，1972年，日本通过《关于各种公共事业的环境保全对策》，要求国家行政机构管辖的公共事业，必须事先开展项目可能对环境造成的影响以及程度的调查，讨论环境破坏的防止方案和替代方案，并基于评估结果提出必要的改进措施。[②] 其中就包含环境影响评价的初步要求。随后日

---

① 汪劲：《21世纪日本环境立法与环境政策的新动向——以构建与地球共生的“环之国”为目标》，《环境保护》，2006年12B期，第70页。

② 魏全平、童适平：《日本的循环经济》，上海人民出版社，2006年版，第55页。

本不断在环境管理的实践和法规完善中强化环境影响评价的要求。1973 年，日本通过的《港湾法》和《公有水面填埋法》的修改案都部分地引入了环境影响评价的概念，规定在制定港湾计划和申请公有水面填埋许可时，需要事先进行环境影响评估。1978 年改进的《濑户内海环境保全特别措施法》也提出了环境影响评价的要求。

与此同时，日本各地方政府不断饯行环境影响评价的管理手段，并推动其向制度化的方向发展。1976 年，川崎市最早制定了环境影响评价条例。以福冈县为代表的一些地方自治政府则制定了“纲要”，推动环境影响评价工作的实施。基于不断积累的实践经验和现实环境治理的迫切需求，日本环境厅于 1979 年向中央公害对策审议会递交了《加速推进环境影响评价的法制化建设》的答询，进一步推动环境影响评价工作的制度化发展。1981 年 4 月，日政府向国会递交了《环境影响评价工作方案》。1984 年 8 月，日本通过“环境影响评价的实施纲要”的决定。此后，环境影响评价制度在日本不断得到推广和完善。

但直到 1993 年 11 月，日本才在《环境基本法》中明确提出环境影响评价的环境管理要求，指出国家对那些评价可能对环境造成影响的项目必须督促其加强环保措施，各种具体计划的制定必须遵守基本法这项原则。将环境影响评价作为一项基本的环境管理制度，在基本法中确认，进一步提升了环境影响评价制度的重要性。1997 年 6 月《环境影响评价法》出台，标志环境影响评价制度的真正确立。

日本环境影响评价的程序主要包括准备书制作前的程序[①]、准备书[②]、评价书和评价书的公布及阅览后的程序等几个主要阶段。日本

---

① 主要包括判定阶段和方法书制定两个阶段。制作方法书的主要目的是确定对项目进行环境影响评价的方法。

② 准备书是项目建设者对项目开展环境影响评价工作后，为听取意见而制作的环境影响评价书面文件。

环境影响评价制度的评价对象分为两种：环境影响评价实施纲要规定的13类特定的事业类型，以及规模大、对环境影响显著，并且需要国家来实施或者许可的开发事业。其中规模大且对环境保护影响大的事业必须进行环境影响评价，而其他13类是否要进行环境影响评价需要做个别判断。环境影响评价报告书由环保主管部门组织专家评审，然后由相关都、道、府、县等管理部门签署意见，批复或否决项目。在整个程序中，环境影响报告的准备是关键，包括前期调研、报告撰写、公示、意见回复、报告的修改完善等复杂的过程。

日本的环境影响评价基本体现了多元参与的特征，相比政府严格主导的情况，更有效率。政府作为环境管理部门负责审核和批准工作，公众在项目评价过程中参与，对阶段性报告提出意见，推动报告完善。但日本的公众参与，旨在环境影响评价的前期阶段，即方法书（包含于准备书制作前的程序中）和准备书的阶段提出意见，在评价书和评价书的公布及阅览后阶段则没有被赋予提出意见的权力。即在项目审批阶段，评价书仅向公众公示，以确保其知情权，但此时公众对决策结果已无影响力。

2. 总量控制制度

由于大气和水污染的严重性，及二者管理的差别性，日本的环境污染总量控制制度实际上包含了大气及水污染总量控制两个部分。

第一，大气污染物总量控制制度。1971 年大气总量控制的要求载入法律。1974 年日本开始在东京、横滨、四日市、大阪等几个地区开始实行二氧化硫总量控制。到 1981 年日本约有七分之一的工厂被列为二氧化硫总量控制的对象。随着经验的不断丰富，大气污染总量控制逐渐由二氧化硫扩展到氮氧化物，总量控制作为一般管理手段也逐渐上升为一种管理制度。

1990 年修订后的《大气污染防治法》，首次将大气污染物排放总量控制制度纳入其中。1995 年日本以第 70 号法律、第 75 号法律重新修订了这部法律，使得总量控制制度得到了长足的发展。日本的大气污染物总量控制制度包含总量控制区、总量控制计划、标准等的制定和实施。

关于总量控制区，日本依据不同的行政级别和情势分别规定了内阁政令、总理大臣、环境厅长官在总控区[①]划分中的权力和征询意见程序，体现了中央政府、地方政府和环保行政部门的分工与协作。日本总控区所适用的大气污染因素除含硫氧化物外，还有烟尘、特定有害物质及机动车废气。此外，日本已将机动车废气的流动性污染纳入总量控制的立法规定之中。

为了推动大气治理的成效，《大气污染防治法》规定，制定降低排放量的计划是地方政府的强制性义务，而且总量降低计划必须是一种动态的计划，要根据总控区大气污染状况的变化及时修改。总量降低计划制定时须考虑到经济和社会发展状况及计划实施的时机和机制，使计划具有时效性，规定制定总量降低计划时应遵循征求意见、报告和公告程序。此外，法律规定，对机动车可能造成的严重废气污染需建立应急降低计划。针对大气总控目标，日本大气法规定了数项制度和罚则，其中较有特色的规定体现在对机动车废气的及时控制、惩役或罚金法则，以及“双罚制”的规定之中。

为方便地方能实施总控目标、充分发挥地方在实施总控目标中的主动性，日本的总量控制标准的制定，在遵循烟尘总量降低计划原则的前提下，其总控具体标准交由各级政府依据总理令规定。都道府县知事根据总理府命令予以规定，依据不同情形规定控制标准类型。日本在制定总控标准时，规定了公众参与，目的是便于使公众了解和理解标准，使标准更切实际和完善、便于实施。都道府县知事制定的排放总量控制标准，会公布周知，而修改或废止标准时同样也需公布。早期日本对大气污染物的治理强调对硫氧化物污染（主要来自工业污染源）的总量控制。但当时日本民用汽车快速发展、机动车排放的废气污染加重，日本已注意到氮氧化物的污染。

① 日本总控区所针对的是“遭受大气污染危险”的地区，或者“酸雨”“二氧化硫污染严重”的地区。

1992 年制定的《指定区域机动车排放氮氧化物总量控制特别措施法》中，就规定了削减汽车排放氮氧化物污染的综合政策。

值得注意的是，日本大气总量控制制度中，对公众参与的重视。其立法明确要求，在规定总量控制区、制定总控标准和拟定总量降低计划时，需要有“征询意见”“公布周知”的程序。

第二，水污染物总量控制制度。20 世纪 70 年代末，日本开始在国家环境管理上实施了以部分区域水总量控制为核心的综合防治时期，并开始法制化的管理。此前总量控制是配合排放标准的管理实施的。1973 年，濑户内海环境保护临时措施法制定了三年的总量控制目标，兵库县为实现整个濑户内海的化学需氧量（COD）污染负荷量减少 50% 的目标，采取了不批准新增项目为原则的行政指导政策。此后该法延期两年，直到 1978 年，濑户内海的水质出现改善的征兆。意识到总量控制手段的成效，1978 年日本政府将临时措施法改为永久性法律，同时制定了包括有 COD 总量控制制度的《濑户内海环境保护特别措施法》。1978 年 6 月，水质总量控制作为水污染防治法的一部分得到了日本国会的通过。在 1979 年 6 月召开的公害对策会议上，内阁总理确定了有关水域总量控制的基本方法、基本方针、目标年度削减量等。

在总量控制成为一项管理制度后，总量削减计划成为这一制度进行环境治理的主要手段。各地主管部门根据具体情况和项目来计算削减量，并事先进行科学、详细的可行性分析，在此基础上上报削减计划，国家根据各地上报的计划制定现实可行的年度削减目标。考虑到各地水体面积大小、用途不同等特征，为确保总量控制的环保成效，总量控制制度的实施一直与水环境标准紧密结合。

按照日本环境基本法的规定，管理者要在逐步探明污染物质的量和对人体健康产生的影响的基础上，对环境标准加以科学性分析、合理判断并进行及时的修订。尤其在企业达标排放后，相关水体的环境质量难以符合要求时，要通过制定严格的总量控制指标来改善水体环境恶化的情况。而在环境标准基本达到设定的目标后，日本会不断发布更严格的新标准，并在具体治理中，仍遵循水质标准和总量控制计划双重控制的原则来实施。

3. 污染物释放与转移申报制度

污染物释放与转移申报制度（简称 PRTR 制度）是为了对特定化学污染物进行更严格的管理而实施的制度，要求企业将特定化学污染物环境释放与转移情况进行报告和登记，并将相关数据进行信息公开。日本政府于 1999 年 7 月颁布《关于掌握特定化学物质环境释放量以及促进改善管理的法律》，在日本国内建立了污染物释放与转移申报制度[①]。从 2001 年开始，在该法调整范围内的企业对其向环境排放的相关化学物质的总量等进行评估。自 2002 年起，这些企业开始向政府部门进行数据申报。同时，该制度要求企业在经营活动中生产或使用 PRTR 物质清单中第一类指定化学物质[②]，并且数量超过了规定的相应阈值时，必须向主管部门进行化学污染物环境释放与转移数据的报告与登记。

作为 PRTR 制度的数据补充，化学物质安全数据表制度（MSDS）可为企业推算与 PRTR 相关的排放量和转移量提供重要数据规定。因为 MSDS 规定，企业向其他企业转让或提供“第一种指定化学物质”时，应向对方提供记录该“指定化学物质”性状及处理信息的文书及磁盘（《化学物质管理促进法》第 14 条）。

日本由环境省与经济产业省联合负责 PRTR 制度的实施工作。企业经营者、政府主管部门、社会公众是 PRTR 申报链条上的三个主体，各自发挥着不同的作用。企业经营者首先对生产使用的特定化学物质的释放与转移数量进行估算，提交至所在都道府县的地方

---

① Hidemichi Fujii，Shunsuke Managi，Hiromitsu Kawahara. Thepollution release and transfer register system in the US andJapan：an analysis of productivity［J］. Journal of Cleaner Production，2011，19：1330－1338. 转引自于相毅等：《美日欧 PRTR 制度比较研究及对我国启示》，《环境科学与技术》，2015 年第 2 期，第 197 页。

② 第一种指定化学物质的选定标准有三条：对人体健康有害或对动植物生长有碍的物质；受到自然环境影响后发生化学变化而产生上述作用的物质；破坏臭氧层，通过紫外线直射地面而损害健康的物质。

主管部门，地方主管部门将区域数据再提交至相应的中央政府主管部门，由其将全国的数据进行汇总分析，并向社会公众公开。日本 PRTR 制度运作的基本流程如下图：

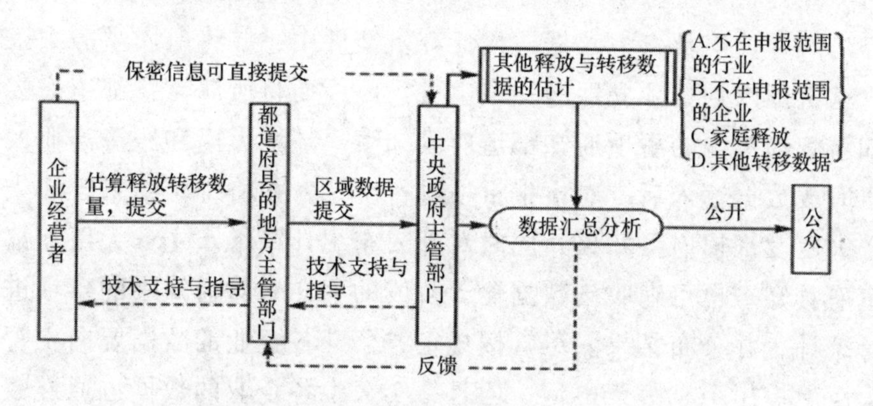

图1　日本污染物释放与转移申报制度实施流程

资料来源：日本环境省网站。

有关 PRTR 制度的主体。制度要求报告的企业须符合活动、员工和处理量等三个标准：活动标准，属于 PRTR 规定的 23 类产业部门（主要包括金属、能源、制造、铁道、汽车、洗涤、照相、废弃物处置、高等教育机构及科研院所等）；员工标准，员工人数为 21 人以上的企业；处理量标准，指“第一类指定化学物质”处理量为 1 吨以上的企业需要申报。这里的企业包括“第一类指定化学物质”的制造者、使用者、处理者或附随发生者。

有关申报内容和方式。具有申报义务的企业每年向主务大臣申报前年度的“第一种指定化学物质”排放量和转移量。其中排放量包括就地向公共水体、大气、土壤的排放量和就地填埋处理量，转移量包括转移到下水道、转移到异地的量。申报的途径根据是否涉及商业秘密而有所区分。企业不主张商业秘密保护的，必须通过管辖该地区的都道府县知事来申报，知事可就申报事项附加意见。由于都道府县能够近距离观察企业运转情况及周边环境，将都道府县作为申报的经由机关，无疑有助于都道府县对企业的行政指导和监督。若企业主张商业秘密保护，涉密部分可直接向主务大臣申报，无需经过都道府县。

关于申报数据的处理和公布。当主务大臣收到企业的申报后，立即将申报数据通知环境大臣和经济产业大臣。环境大臣和经济产业大臣负责将数据输入计算机文件中，并将所属主务大臣管辖范围内的事项立即通知该主务大臣，而将所属有关都道府县知事管辖范围的事项通知都道府县知事。环境大臣和经济产业大臣完成数据输入后，对申报事项进行统计，并将统计结果告知主务大臣及都道府县知事，同时对外公布统计结果。主务大臣和都道府县知事也可在收到数据输入阶段的通知后对通知中的事项进行统计，并公布结果。尽管按规定，公开各企业的数据要向主管大臣所提出个别公开申请，但是，实践中各企业的数据也通过数字媒体公开，以确保一般市民能够容易地知道化学物质的排放状态。

4. 环境损害评估与赔偿制度

日本的环境损害主要围绕人为活动对人体健康及生活环境的相关损害（即“公害”）展开。日本的公害应对相关的制度体系经历了从传统法向专项法、从有限健康损害赔偿向严格环境健康责任、从被动健康损害救济向污染预防转变的历程，形成了健全的公害应对与预防机制，对及时救济受害人、强化加害人民事责任，发挥着积极作用。

日本从20世纪60年代末期开始，采取各类措施应对环境公害。第二次世界大战前，公害、矿害的泛滥使日本在损害赔偿方面初步形成了一套补偿制度。1969年日本颁布《关于救济公害致人体健康损害的特别措施法》，1973年修订《公害损害健康补偿法》，初步确立公害赔偿无过失责任制度立法体系，1974年《公害健康被害补偿法施行令》就“补偿法”的实施进行更为细致的规定。但直到20世纪80年代初才形成处理公害赔偿纠纷、避免诉讼的一套制度体系，并从最初的“医疗救济制度”向“健康被害补偿制度”转变。[①]经过近十年赔付事件的处理实践，日本开始将公害应对工作重点从“事后救济”向“事前预防”发展。到20世纪80年代末，出台《有关公害健康被害补偿等的法律》（新补偿法），日本开始进入及时预防新公害病阶段。

日本的公害应对主要针对大规模的人群健康损害而言，涉及相当范围的区域性环境污染并使人数众多的人群健康和财产损害的事件才由国家或地方公共团体对此采取紧急对策。公害事件一旦确定，环境污染造成损害受害者诉求的处理将面对诸多领域，包括赔偿实际损失、停止侵害行为、赔偿预期可能的损失。日本经过几十年的发展，形成了独具特色的公害行政救济途径。

日本的环境损害健康赔偿体系分为特异性疾病患者健康赔偿救济体系、非特异性疾病患者健康赔偿救济体系以及石棉致疾病患者赔偿救济体系。特异性和非特异性疾病的判定过程为：首先由受害人提出申请，通过医学检查、医学专家复审、政府做出最终裁决等方式进行鉴定，通过鉴定后根据“与污染相关的健康损害的赔偿和防治法”进行损害赔偿。对于非特异性疾病而言，赔偿费用包括实际发生的医疗救治费用和生活补偿费、公害保健福利费以及事务费等。对于特异性疾病而言，《有关公害健康被害补偿等的法律》只负责认定，而具体补偿办法由责任企业与受害团体协商或签订协议。

此外，日本的“公害”赔偿资金来源灵活运用了“责任者负担”原则，在特异性疾病和非特异性疾病的不同地区综合采用税收、补偿金、公积金等方式，由中央政府、地方政府、肇事企业、高污染行业以及公众募捐等确保受害民众的足额赔偿。

5. 循环经济政策

日本在二战后20年间，经济得到飞速发展，但环境代价也相当

---

① 张红振等:《环境损害评估：国际制度及对中国的启示》,《环境科学》,2013年5月，第1659页。

深刻。加上日本自身资源缺乏，不断挑战着日本原有的经济发展模式。“循环经济”的迎合了日本避开自身的资源不足、在保护环境的同时获得持续发展的需求。“循环经济”于20世纪90年代初在日本的环境法律中已有相关理念的植入。日本政府于1993年制定的《环境基本法》中提出了“建设以循环为基调的经济社会体制”。1997年，日本经济产业省（原通商产业省）提出了一份题为《循环经济构想》的报告，剖析了日本当时面临的严重的资源与环境问题的基础，并提出建设循环经济的构想。根据《循环经济构想》，日本政府开始进行“生态城市”建设及循环经济的实践。

1998年，日本政府推出《新千年计划》中将循环经济定为“21世纪日本经济社会发展的重要目标”。1998年，《环境白皮书》中正式提出“环境立国战略”。循环经济成为日本“环境立国”的重要渠道。1999年，经济产业省再次发表《循环经济蓝图》报告，设计了一个与循环经济相适应的以废弃物零排放为目标的技术系统，主要内容包括产品的生命周期评价、废弃物减量化、资源循环利用、废弃物资源化的产业链和废弃物回收、运输与交易问题。1999年10月，日本政府将2000年定为日本“循环型社会元年”。2000年6月，日本政府颁布了《循环型社会形成推进基本法》，在该基本法中日本将“循环经济”理念付诸于法律框架之内。与此同时，日本政府还提出建立“环之国”，其基本目标是彻底抛弃20世纪的“大量生产、大量消费、大量废弃”的传统经济模式，建立一个以可持续发展为基本理念的循环型经济社会。

为了推进循环经济的机制运行，日本政府颁布了一系列配套法律法规，在基本法下颁布各类综合及专业性环境经济法律政策：《废弃物处理法》《资源有效利用促进法》《容器包装再生利用法》《家电再生利用法》《建设再生利用法》《食品再生利用法》《汽车再生利用法》等。通过《废弃物处理法》和《资源有效利用促进法》等综合法律，对所有领域的废弃物处置和资源的循环利用提出要求。通过《容器包装再生利用法》《家电再生利用法》《建设再生利用法》《食品再生利用法》《汽车再生利用法》等专门法律，对重要生产生活领域的资源循环利用进行规范管理。这些法律法规的实施，大大促进了资源节约，并控制了生产生活对环境的破坏。以1998年开始实施的《家电再生利用法》为例，到2007年日本废弃家电的回收再利用成效就已突出，四种家电的再商品化率能够达到82%。

在循环经济的理念指导下，日本的环境省提出实现循环经济的环保技术要求及政策规范，其他相关部门在此基础上围绕“循环经济”发展制定各类规划。例如，2002年以后，日本经济产业省对燃料电池、氢能源等新型能源和生物能源项目开发加大了资金投入，国土交通省提出“改良运输方式及低公害车开发普及”计划，农林水产省制定了“生物能源、日本综合战略推进”计划。①

同时，日本政府积极从民众的消费理念和习惯入手，使“循环经济”不但在生产环节得到落实，也在消费领域得到实施，使全社会在“节约和再利用”的理念下，保护生存环境并获得可持续发展。1997年，日本成立了绿色消费网络，并制定了“绿色消费十原则”。2000年5月，日本政府以第100号法律方式颁布《绿色采购法》，政府率先调配提供环保产品，大力倡导国民购买和使用环保产品。民众绿色消费意识的提高也推动日本企业自觉注重研发和生产环保绿色产品。

6. 环境税收制度

20世纪90年代，日本后开始考虑将环境税制度作为环境政策之一。此前基本采用直接的管制手段来解决环境损害问题。由于效果有限，1990年后，日本政府出台了一系列环境保护相关的税收政策，通过经济手段对环境保护提供支持。目前，日本环境税收政策已涉及能源、汽车、废弃物、污染物等多个领域，形成了较为系统的环境保护税收体系。

---

① 施锦芳：《日本循环经济成功经验探析》，《日本研究》，2010年第1期，第82页。

根据环境污染的特征，最初日本环境税收政策大致分为两大类：以燃料、汽车、废弃物为课税对象的税种，以及与污染防治设备和废弃物处理设备相关的税收措施。随着日本在全球环境治理领域的积极参与和《京都议定书》的生效，二氧化碳减排很快提到日本国内环境治理的日程中。为加强温室气体减排的力度，2007 年日本开始实施碳税，鼓励低碳化的生产消费活动，将二氧化碳等的减排纳入日程。针对重复征税和工业界的压力和对抗等问题，日本于 2011 年决定通过环境税改革，消除环境税（尤其碳税）的实施阻碍。

日本环境省的环境税制度改革方案中首先确定了在 2012 年底以前分阶段开征温室效应对策税，即碳税的计划。除了以碳税为主导的低碳化税制改革以外，此次环境税收制度改革中还涉及了促进污染物防治、废弃物循环利用、推进环境保护活动等方面的新措施。

针对低碳化的税制改革，2010 年 6 月日本内阁会议出台了能源消耗计划，提出进一步强化温室效应对策力度，于 2030 年将二氧化碳排放量削减到 1990 年排放水平的 70%。[①] 针对这一目标，日本政府决定于 2011 年 10 月 1 日起实施“地球温暖化对策税”，通过税收制度来削减温室效应气体的排放。新的碳税改革计划中，课税对象涵盖了原油、石油液化气、煤炭等所有的化石燃料，课税方式采取附加税的方式，即在现行的石油及煤炭税基础上附加征收按照二氧化碳排放量多寡确定的“地球温暖化对策特别税”。

“地球温暖化对策特别税”的改革方案中规定，在时机成熟时，按照能源产品类别对税率实施差异化。在实施差异化税率模式基础上，分三个阶段提高税率水平，总的税率提高幅度为：原油及石油产品的附加税税率增加 760 日元/升，瓦斯状碳水化合物为 780 日元/吨，煤炭为 670 日元/吨。这种方式易于实现“低税率，广税基”的税负分布模式，有利于确保课税的公平性，防止一些部门和产业

① ［日］近藤昭一：《地球温暖化対策のための税について》，日本环境省工作报告，2010 年 12 月 8 日。

承担过重的税收负担。[1] 此外，为了避免税负激增，决定分阶段上调税率，并对特定部门给与免税、税收返还等优惠待遇。“地球温暖化对策特别税”制度中还设立了免税和税收返还等优惠措施。

关于其他税种的低碳化改革，最明显的特征是延长固定资产税的特别优惠措施，主要适用于低污染车辆的燃料供给设施（如天然气填充设备、氢元素填充设备、充电设备）。针对此类燃料供给设施，其原有的固定资产税的特别优惠措施延长适用年限，期限为两年。此外，还制定了大型企业法人的环境保护投资促进税制及建立中小企业环保活动的税收措施。

关于促进废弃物循环利用等其他环境税收政策，涉及促进废弃物循环利用的税收政策和促进环境保护活动的税收政策。废弃物循环利用及污染防治相关的环境税收政策主要体现在法人税（所得税）、不动产购置税、固定资产税等税种方面，涉及了税率下调和使用年限延长。促进环境保护活动的税收政策主要体现在固定资产税、继承税（遗产税）、不动产购置税等税种当中，涉及对符合环保规定的资产及设备的优惠税收。例如，购置符合《城市绿化法》规定的绿化设备时，扩大和延长其固定资产税的特别优惠措施，取消公益社团法人和公益财团法人为了保全生物多样性而购买的土地征收不动产购置税；纳税人继承的土地符合日本《自然公园法》中国立公园特别保护地区土地时，免征其实物形式的土地继承税等。

日本碳税政策的实施在温室气体减排、抑制能源过度消费，促进节能环保技术进步等诸多方面取得显著成效。在温室气体减排方面，除去2011年日本地震导致温室气体排放回涨的影响，2008—2012年，日本平均温室气体排放量仍比实施碳税以前的排放量有大幅度的下降：从年均13亿吨降为年均12.795亿吨。[2]

---

① 崔景华：《日本环境税收制度改革及其经济效应分析》，《现代日本经济》，2012年第3期，第72页。

② 刘家松：《日本碳税：历程、成效、经验及中国借鉴》，《财政研究》，2012年第12期，第102页。

四、经验总结

日本的环保治理在同时期全球各国的环境保护成效中非常突出。日本的环境治理效果体现在各个方面，包括大气、水体、土壤、废弃物处理等方面。仅以大气治理为例，下图可以看到日本大气质量自20世纪70年代初起的30年间的变化。

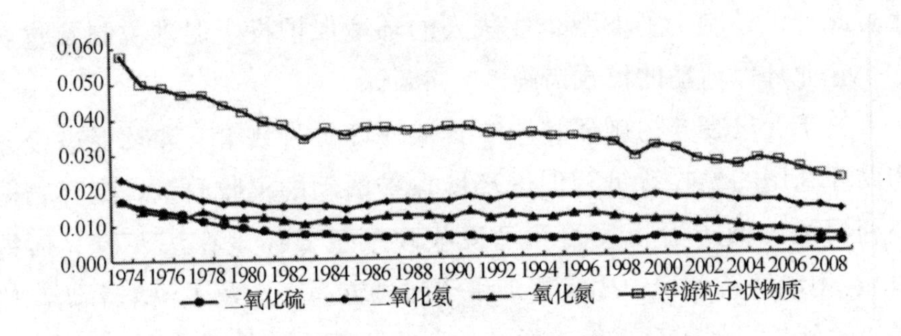

图2　日本大气质量变化

资料来源：環境省水・大気環境局『平成22年度大気汚染状況について』報道発表資料。

20世纪80年代，日本是全球二氧化碳排放和氯氟烃使用最多的国家之一。为此，政府启动了以开发新能源为中心的“阳光计划”和以节能为目的的“月光计划”“地球环境技术开发计划”。在政策方面，为促进创建低碳社会，日本近年来不断出台重大政策。比如折旧制度、补助金制度、会计制度等多项财税优惠措施，引导鼓励企业开发节能技术、使用节能设备。从2009年开始，日本政府向购买清洁柴油车的企业和个人支付补助金，以推动环保车辆的普及。政府为了鼓励和推动节能降耗，推出了各种激励措施：除了注重产业结构的调整，停止或限制高能耗产业发展，鼓励高能耗产业向国外转移外。日本还制定了节能规划，对节能指标做出了具体的规定，对一些高耗能产品制定了特别严格的能耗标准。为降低温室气体排放量，近十年来，日本政府多次修改《节约能源法》。目前，绝大部分空调的耗电量已降到十年前的30%—50%。在能源方面，日本从2013年3月12日开始从海底可燃冰（天然气水合物）层中提取天然气（甲烷），是世界上率先从海底开采可燃冰的国家。日本周围海域可燃冰的潜在储量可满足日本上百年的天然气需求。日本经济研究所认为，开采可燃冰将成为日本经济振兴的催化剂。

再以水污染治理为例：截止到2013年，日本污水处理的覆盖率已经达到了86.9%，实现全体国民的基本覆盖，河川、湖沼、海域的水环境治理污染控制率也接近90%。这些高效的水污染处理有力保障了日本水质环境质量的改善。从2002年开始，日本政府就严格控制农用化肥的使用剂量，从1995—2002年，人均化肥施用量经历了短暂的回升后便开始下降，到2009年日本人均化肥量已经降至219.44吨。[①]

本世纪以来，日本政府的环境财政支出呈现明显的下降趋势，表明日本的环境经过多年的治理，已经达到了与社会发展相协调的境界，进入了良性循环的轨道。环境体系和制度的成熟、公民社会作用的充分发挥，都促进了环境治理的高效开展。2001年日本全国的财政支出为82826亿日元，到2009年下降为47017亿日元，中央政府环境财政支出占比从平成6年（1994年）的1.64%降到平成24年（2012年）的0.67%，预算规模和比率都有明显下降。[②]

日本的国家管理模式为：政府根据计划原理实行干预为辅的经济体制，靠国家计划指导私有厂商、企业的经营管理活动，但不介入企业具体的经营、决策等。由于涉及到对微观行为的指导，日本政府在应对突出环境问题方面，有着快速应对能力，但也会因介入导致的社会不公平而进一步扭曲“市场失灵”的问题，这也是日本

① 卢洪友、祁毓等：《日本的环境治理与政府责任问题研究》，《现代日本经济》，2013年第3期，第73页。

② 卢洪友、祁毓等：《日本的环境治理与政府责任问题研究》，《现代日本经济》，2013年第3期，第76页。

民众对环境的维护有强烈的敏感的原因。日本法律机制具有强烈的自由、民主的特征，为公民等第三方的积极有效参与留下了余地，使日本的环境能够在民众的参与和强力监督下，形成多元共治的氛围。“强”政府＋“强”第三方的治理主体，是日本环境治理的突出特征。

（一）成熟的公众参与机制

从政策上鼓励公众的参与是日本有效开展环境治理的核心举措之一。日本对公众参与的推动和产生的明显效果是其环境治理的显著特征。但民众真正得以积极参与，是在日本法律中对民众的环境权的确认和相应的维护。日本民众很早就有参与环保活动的传统和氛围。20世纪60年代，有些人开始认识到环境污染的代价过高。这种认识通过可怕的“水俣病”和“痛痛病”的揭露以及新闻媒体的评论而进一步强化。据日本环境厅《环境白皮书》材料显示：日本与环境污染有关的诉讼案件，在1960年几乎为零，1966年增加到2万件左右，到1970年则超过了6万件。此外，在日本公害问题日益严重的时期，也是公众运动促进了地方政府和国家对环境问题的认识，推动了各级政府和企业采取有效措施控制并最终取得了防治污染斗争的胜利。因此可以说公众参与是日本环境保护中的一个重要“法宝”。

日本环境政策的制定及其实施效果，与公众环境意识的增强密切相关。日本环境政策完善过程与公众积极参与环保社会活动、努力维护自身环境权益密不可分。日本政府较早意识到民众在环保监督方面发挥的重要作用。1970年修改的《公害对策基本法》明确规定：国家有责任保护国民健康和维护生活环境；企业有责任采取必要措施以防止公害，并协助国家和地方政府实施防治公害的对策。尤其，居民应努力以一切适当方式协助国家和地方政府实行公害防治措施；企业在制造和加工产品的过程中，应努力采取措施，避免其制成品和加工品在使用中可能造成的公害。[①] 到了20世纪90年代日本政府更加重视引导公众参与环保行动。从消费观念和环保社会责任方面促进公众的参与积极性。在1993年颁布的《环境基本法》和1994年制定的《环境基本计划》中将公众参与定为基本原则和长期目标。这标志了公众参与的法律化和制度化。

根据日本环境省的数据，从2001—2010年，企业和居民购买绿色产品的比率从50.1%提升到了71.9%。[②] 2002年，日本政府颁布了推进减少废物、再利用和再循环的政策，并就《循环型社会白皮书》所提出的三个方案向国民征求意见，公民参与环境政策的渠道和程度更加提升。近年来，日本又通过《绿色采购法》等，推进从幼儿到老人等各个年龄层的多种形式的环境教育和环境学习，不断提高居民的环境意识。在这一过程中，日本民间环保组织的作用也不断提升。例如，本部设在东京的以废纸再利用为宗旨的环境NGO“白色度70再生复印纸普及运动”（制造白色度80再生复印纸需大量使用氯，会加大环境负荷，提高成本，制造白色度70再生复印纸不需使用氯），既为消费者节约了费用，又为保护环境和发展废纸再生产业做出了贡献。[③]

（二）经济与环境和谐发展，环境产业成为经济发展重要动力

日本环境政策与经济政策的较早关联。这与战后经济产业省一直主导日本的发展政策相关。日本环境厅成立之初，从产业省借调大量工作人员。这些借调人员在预算、规划和协调等部门承担要职，使得日本的产业发展能与环境保护的推动紧密协调。尽管最初由于过分维护产业利益，日本环境改善效果微弱。在20世纪70年代，

---

① 康树华：《日本的〈公害对策基本法〉》，《法学研究》，1982年第2期，第59—64页。

② 卢洪友、祁毓等：《日本的环境治理与政府责任问题研究》，《现代日本经济》，2013年第3期，第74页。

③ 李冬：《日本环境产业的发展》，《东北亚论坛》，2009年18卷1期，第90页。

日本环境法律不再强调经济优先的原则之后，产业与环保的协调成效逐渐凸现。根本上消除了经济发展与环境保护相对立时的取舍问题后，经济发展能够以环保为基本底线，促进了日本的经济结构的优化以及绿色工业技术的发展。为日本本土的经济可持续发展，以及在外向型经济发展中占领技术和政策的高地，做了坚实的铺垫。

日本自20世纪70年代以来，一直致力于开发环境技术，最终在污染防治技术、废弃物适当处理和再资源化技术、清洁生产技术等领域都处于世界领先地位。与此同时，以20世纪后期两次石油危机为契机，日本大力开发节能技术，从而使其目前已跻身于世界环境、能源先进国家的行列。这些技术的发展都引领和带动了日本环境产业的发展。截止到2007年，日本环境产业的业务种类已超过900种，参与企业达4000家，2000年的市场规模达30万亿日元，从业人员为76.86万人。[①] 据日本环境省统计，2011年日本的环保产业产值已经占整个GDP的8%以上，在日本整体经济低迷情况下，环保产业的成长对经济起了较大的拉动作用。[②]

日本的环境产业发展方向与环境问题的应对相适应，并逐渐成为经济发展的带动力量。从20世纪60年代至今，日本主要经历了"工业型污染、生活型污染、碳减排问题"三个过程，相应的环保产业重点领域也随之而发生变化。20世纪60—70年代日本的环境技术及其产业，与防止大气污染装置、下水污水及粪尿处理装置、城市垃圾处理装置等公共事业相关性很大。80年代以后，随着日本的生产、生活方式向大量生产、大量消费、大量废弃的类型转变和全球环境危机的加剧，建立可持续的社会经济系统已成当务之急。彼时日本的环境产业已不限于与防止环境公害相关的产业部门，而是扩大到所有与增加环境负荷相关的产业部门。环境产业对整个经济社

---

① ［日］安藤真：《新地球环境产业》，日本：产学社，2007年第15期，第14—15页。

② 《日本环保产业对中国的启示》，http：//finance. sina. com. cn/zl/international/20141003/105720465425. shtml。

会的发展也显现出愈益重要的作用。

日本政府于1993年联合国环发大会后明确提出了构建可持续社会的基本理念和“环境立国”的战略。进入21世纪后日本进一步提出了，通过改善环境以促进经济发展，通过经济的活力促进环境改善的环境、经济、社会全面发展的目标。这一目标的确立，为环境、能源技术的开发和产业的绿色化的市场开拓和建立创造了条件。企业不断推出新的环境保护型产品和服务，从节能型家用电器、混合动力汽车、有机农产品，到各种资源循环利用产品、长寿命产品等，涉及居民生活需要的方方面面。另一方面，随着企业经营理念的转变和环境管理的加强，对防止污染、节约资源能源等与改善企业活动环境负荷相关的技术、设备需求也日益扩大，从而也使环境产业从公共需要向民间需要扩展。同时，原有重化工业集中、经济逐渐衰落的地区也由于大力发展环境产业，实现经济转型而重新获得了发展的活力。[①] 环保产业为日本传统行业的大企业带来了业务转型的机遇。如日本的同和矿业公司，作为一家传统的有色金属企业，利用其制造技术和剩余产能已经深度参与到电子废弃物的循环利用行业中，其环保业务2012年占营业额比例已经到25%。

2007年6月1日，日本内阁经济财政咨询会议正式审议通过21世纪环境立国战略特别部会（日本环境省在环境大臣咨询机构“中央环境审议会”下设立的机构）的建议，公布了《21世纪环境立国战略》。日本环境立国的目标是：创造性地建立可持续发展的社会，即建立一个“低碳化社会”“循环型社会”和“与自然共生的社会”，并形成能够向世界传播的“日本模式”，为世界做贡献。该战略的颁布，不仅进一步推动日本环保产业向深度发展，而且把日本环境保护推向了一个更高层次的发展阶段。[②]

① ［日］奥野照章：《地球环境时代的地域政策》，keidanren，2001年第4期，第26—27页。

② 贾宁、丁士能：《日本、韩国环保产业发展经验对中国的借鉴》，《中国环境管理》，2014年第6期，第50页。

（三）充足稳定的环境治理资金支持

日本政府较早形成的稳定环保资金支持机制和来源，对环保政策行动的落实提供了极其重要的保障，成为日本环保产业的发展以及循环经济的实现的强大支撑。日本环境保护主要的资金来源包括税收、补贴、融资等。

环境税，即利用税收杠杆促进废弃物减量，同时将征收的税金用于废弃物的循环利用和废弃物处理设施建设，以促进环境产业的发展。目前日本虽然尚未实施全国统一的环境税，但一些地方政府已制定和实施了相关条例。2001 年日本全国生活垃圾收费的市町村占 80%，产业垃圾收费的市町村占 88%。[①]

补贴，即通过政府财政补贴支持环境技术的研究开发，促进相关产业的发展。例如，在日本政府 2007 年度的预算中，经济产业省、国土交通省、农林水产省和环境省等相关省在推进温暖化对策和建设循环型社会的主题下，都把新能源开发、节能、废弃物适当处理、资源循环利用、生物能利用等与环境产业相关的研究开发列为重点项目加以支持。[②]

融资，即通过优惠的融资条件支持环境产业的发展。例如，日本政策投资银行实施“促进环境保护型经营”制度，运用绿色分级系统对企业环境经营程度进行评估，选出环境经营表现优秀的企业，按照三个等级设定的利率，为这些优秀企业提供更为优惠的融资条件。[③] 在环境产业中引进私人融资计划，作为财政改革的一种方式，允许在公共事业中引入民间资金从事建设、维护、管理和运营，以解决政府公共投资不足问题。日本政府于 1999 年 7 月制定了《私人

---

① ［日］三桥规宏：《日本经济绿色国富论》，东洋经济新闻社，2000 年，第 323，321 页。

② ［日］奥野照章：《地球环境时代的地域政策》，keidanren，2001 年第 4 期，第 26—27 页。

③ 魏金平：《日本的循环经济》，上海人民出版社，2006 年版，第 47 页。

融资计划法》，并制定与其相关的“基本方针”。该法的实施为民间资金向下水道、废弃物处理、余热利用等与环境产业相关的公共事业投资提供了商机。

日本在环保资金方面的投入也体现在GDP的份额上。以2000年为例，日本名义GDP达到4.76万亿美元。其中，环境保护经费达到30420亿日元（相当于253亿美元），此开支相当于中国全年研究与开发经费的2.3倍。日本环境省掌握的经费为2591亿日元（相当于21.6亿美元）[①]。根据日本环境省公布的数据，2012年度环境省的一般会计补正预算为2873.41亿日元（约合148.11亿元人民币）。[②]

（四）利用环境外交，提升国内环保成效，开辟国际环保市场

自20世纪90年代以来，为谋求地区环境治理的领导地位，日本将环境外交作为其对外政策的重点。这一政策不但大大促进了日本在全球的地位，也在更高的起点带动和激励国内环境治理。作为国内环境治理手段的延伸，环境外交较早被日本政府拿来作为对内激励环境产业的发展、推动环境与经济的可持续发展，对外占领国外环保产业市场的战略手段。为此日本积极参与国际环境治理行动，并主动承担责任，从全球治理规则的角度为自身的发展做良好铺垫。早在1988年，外务省首次宣称全球环境是日本外交政策的重要议程。[③]

日本的“环境立国”政策与“国际贡献”的环境外交遥相呼应：通过提供援助开展主动的环境合作，将自身的环保技术、环保理念与合作项目一同输出，即开拓了海外市场，又激励了国内环保

---

① 王葆青：《感受日本环境治理与可持续发展》，《中国人口、资源与环境》，2003年第13卷，第1期，第114页。

② 蓝建中：《日本环保机构：人多、钱多、权力大》，《国际先驱导报》，2015年5月11：17。

③ 日本外务省：《外交蓝皮书》（1998），http：//www. mofa. go. jp/policy/other/bluebook/1998/I – d. html#2。

产业的发展和环境的自觉改善。通过积极参与全球环境治理机制的建立，倒逼国内环境治理步伐。日本几乎在所有与全球环境机制构建的会议上都发挥了重要作用。如联合国环境署、世界贸易组织的活动和谈判等，输出自己的环境理念，在战略层面上树立环保的良好形象，为环境技术及产业的走出去铺路搭桥。日本利用其环保技术优势，通过“环保技术国际转让中心”将不少日本在世界领先的环保技术转让出去，这些均使日本环保国际合作在世界名声鹊起。①

企业认识到环保将成为推进产品、生产工艺、原材料等革新的重要因素，并有利于增强产品国际竞争力，因此对国际环境管理的有关政策极为关注。进入20世纪90年代，特别是日本经济团体联合会于1991年发表了《地球环境宪章》后，产业界大多数企业十分重视环保问题，“争做对环保有贡献的企业”。探讨企业的环保形象，重视建立企业环保伦理，已成为许多企业的自觉行动。例如，获悉国际标准化组织决定组织制定环境管理系列标准（即ISO14000），日本企业极为敏锐地做出反应。1994年10月，由松下、索尼、富士通等十个企业提供人才和资金，联合成立了国家级的“日本环境认证机构”。欧共体于1995年4月开始实施《生态管理与审核规则》，日本迅速采用该标准并获欧共体认证，成为亚洲国家中第一个实施环境标志（日本称生态标章）制度的国家。世界各国登记在册的致力于环境治理的企业共有12.9万家，日本占总量的16.9%，居世界第一。1993年，日本松下电气公司曾荣获美国环境保护局授予的“绿色公司”美名，以表彰其在禁止工人使用造成臭氧损耗的物质方面居绝对领先地位。此外，很多日本大企业都有环境外交项目，而且它们参与环境外交的形式多样，如直接将环境标准纳入企业经营战略，或者参与国际环境会议、国际生态项目等。②

---

① 姜太平：《战后日本环境政策演变初探》，《华中理工大学学报（社会科学版）》，1999年第2期总第42期，第56页。

② 周英：《东亚环境治理中的日本主体因素——以“东亚酸沉降监测网”为例》，《国外理论动态》，2015年第4期，第80页。

第四节　韩国

二战后的40年间，韩国创造了“汉江奇迹”，同时也带来严重的环境污染和环境破坏。经济发展优先的道路，使韩国工业生产的发展中未考虑对自然生态系统的保护，出现了各种各样的环境问题。韩国20世纪60年代开始的园区建设、钢铁等重工业的发展，带来严重的大气、水、土壤污染，对居民的健康造成严重损害。20世纪80年代后，消费水平和规模增大，汽车加速普及，更加剧了韩国的环境污染。在1980—1990年期间，由于韩国煤炭、石油等原料使用量激增，产生了大量硫酸化物（SOx）、粉尘（TSP）、氮氧化合物（NOx）、一氧化碳（CO），大气环境污染开始急速恶化。

由于长年不达标、持续恶化的空气质量，世界卫生组织还曾一度将韩国首尔列为世界三大大气污染严重城市之一，并每年向全世界公布其亚硫酸酐及粉尘浓度。20世纪80年代，由于大气污染和废水中的重金属含量高，韩国温山工业园居民患上了神经病和皮肤病（被称为“温山病”）。[①] 80年代前半期汉江的生化需氧量不断超过5毫克/升，并创造了7毫克/升的记录[②]。到90年代初，韩国的四大河水质处于不能直接利用的状态。[③]

20世纪90年代至今的20几年来，韩国不断调整环境政策，构筑了由环境立法、环境行政、环境诉讼等组成的环保法律机制，最终确立了“低碳绿色经济增长”的可持续发展模式目标。韩国在环

---

① 范纯：《韩国环境保护法律机制研究》，《亚非纵横》，2010年第5期，第52页。

② 通常，一般河流的生化需氧量不超过2毫克/升，若高于10毫克/升，就会散发出恶臭味。

③ 范纯：《韩国环境保护法律机制研究》，《亚非纵横》，2010年第5期，第52页。

境治理方面的成就不断得到各方认可。因环境保护方面的成就，2008年，韩国前总统李明博被联合国授予《生物多样性公约》奖。虽然目前韩国仍然存在一些环境问题（譬如温室气体排放量2013年居世界前十），但毋庸置疑，其以往在环境与可持续发展方面所做的努力和取得的成绩值得学习和研究。

一、法律制度

韩国的环境法律体系是以《环境政策基本法》为核心，逐步建立起来的环境法律体系。

20世纪60年代韩国的环境问题逐渐显现，作为应急管理的法律依据是1963年颁布的《公害防治法》。该法只有21条，缺乏具体规定，不能发挥实际的法律约束作用。虽然1969年制定了实施细则，但由于缺乏时效，对现实环境问题的治理作用也不大。60年代中后期，由于民众对环境问题的意见越来越大，韩政府修改了《公害防治法》，增加了硫磺氧化物排放容许基准和排放设施设置许可制度。到了70年代，环境问题加剧，《公害防治法》应付不了日益复杂的环境问题。1977年12月韩国制定《环境保全法》，以替代《公害防治法》，并在具体内容中增加了环境影响评价制度、废弃物处理等新制度，将全部的环境问题（《公害防治法》以大气和水污染为管理对象）作为法律的管理对象。1980年韩国修改宪法，增加了“环境权”的规定：所有国民都有在健康舒适的环境中生活的权利，国家及国民必须努力保护环境。

韩国《环境保全法》制定后，在韩国的环境污染防治和环境保全方面发挥基本法的作用，但与韩国环境治理的法律需求相比，还有相当差距，以至于该法并未真正有效控制不断蔓延的环境污染、不能为解决环境纠纷提供有效的法律依据。自1978年开始，韩国大大小小的公害不断发生，环境污染的面积和范围逐渐扩大，污染程度也越来越严重。1982—1983年期间，温山地区开始蔓延疑难疾病。这种病症以重金属废水流出的大亭川为中心，每年不断增加。但当时韩国是军事独裁政权，工业发展被放在非常重要的位置，因此反对工业区的建设是不可想象的。直到1987年，住在首尔市中心地区、因周围的炼碳厂粉尘污染而患碳粉症的一位家庭主妇起诉炼碳厂，激起了韩国民众压制很久的对环境问题的不满和抗议。

由于《环境保全法》不是真正的环境基本法，不能解决与其他环境法律规范之间的有机统一关系。加上意识到必须更为积极的应对环境问题，韩国政府于1987年着手改编环境法体系的工作，并在环境厅制定环境政策基本法案之后，经过修订和补充，于1990年8月1日通过并公布了《环境政策基本法》。该法明确规定："本法通过明确有关环境保全的国民的权利、义务和国家的职责，确定环境政策的基本事项，从而预防环境污染和环境毁损，适当、可持续地管理、保全环境，使所有国民享受健康舒适的生活为本法的目的"，将可持续发展的理念融入其中。

该法于1991年2月2日开始施行。[①] 颁布施行后，韩国政府又分别于1999年、2002年、2005年、2006年、2007年进行过多次修订，最终将可持续发展原则、污染者付费原则、事前预防原则、协同原则、长期综合环境保护等要求纳入其中，促成了符合可持续发展理念的环境基本法体系，使国内的环境政策与世界接轨，同时巩固了自身的环境基本法的地位。有了《环境政策基本法》的推动，韩国的单项法规得以出台和迅速实施：《大气环境保全法》《水质环境保全法》《噪音振动规制法》《有害化学物质管理法》《环境纷争调整法》等法律，随后相继出台。[②] 进入新千年以来，韩国环境法制不断发展，一边修改既有法律，一边出台新的环境法。

---

① Sang-don Lee（South Korea），The basic law of environmentalpolicy and the one-way law of environmental policy［J］. Judicial Administration，1992，3（3）：33.（in South Korea）.

② 范纯：《韩国环境保护法律机制研究》，《亚非纵横》，2010年第5期，第54页。

二、管理机制

韩国环境部是负责环境保护的核心机构。环境部最早为1967年设在保健社会部的公害股，1973年升格为公害科，1980年变为环境厅，1990年环境厅升格为国务总理所属的环境处，扩大了组织规模，1994年环境处升格为环境部，具备了制定政策的权力。环境部的机构主要有中央环境纠纷调解委员会、国家环境科学院、八个地方环境厅。

中央环境纠纷调解委员会是调解环境污染受害纷争的机构。除了环境部设立的中央级别的调解委员会，还有四个地方委员会。国家环境科学院是1978年7月从保健研究院的基础上发展起来的，主要负责制定环境政策标准、宣传教育等工作。2006年2月，环境教育部门从国家环境科学院独立出来，成立了环境人力开发院。八个地方环境厅以韩国的重要水域和大气圈为原则划分的区域中设立，包括四个流域环境厅（汉江、洛东江、锦江、荣山江四个流域）、四个大气环境厅（原州、大邱、全州地方环境厅和首都圈大气环境厅）。除了全面负责地方日常的环境保护工作外，四个流域环境厅还基于《水系特别法》承担水系管理委员会的运行管理等业务，首都圈大气环境厅基于《首都圈大气环境改善特别法》承担着预防性广领域的首都圈大气管理业务。

此外，韩国其他部门也承担部分环境管理的职能。例如，农水产食品部负责农产品领域的公害对策、农业用水开发与技术指导；国土海洋部负责国土建设综合计划的筹划与调整、限制开发区域的建立、管理河流等；山林厅负责制定山林基本计划，保护山林、取缔破坏山地行为。

进入21世纪后，韩国环境部的组织机构随着工作内容的扩充也发生了一些调整。2010年根据《低碳绿色增长基本法》，成立了“温室气体综合信息中心”。目前，环境部的下属机构有企划协调室、环境政策室、水环境政策局、资源循环局、国立生态环境推进企划团、国立洛东江水资源馆建设推进企划团等环境管理机构。[①]

三、环境政策

韩国环境政策制定起源较早，但最初的环境政策效果并不显著。随着经济发展与环境的矛盾越来越突出，韩国针对产业的发展建立了有针对性的“亲环境”政策，并围绕“亲环境”政策形成有韩国特色的政策体系及具体的环境政策制度。韩国的具体环境政策包括环境产业政策、企业自愿认证/协议制度、环境标志产品认证制度、环境影响评价制度、环境技术促进制度等。

（一）环境产业政策

为了综合促进工业发展与环境保护的良性互动，1995 年 12 月 29 日，韩国政府专门制定《有关促进向亲环境工业结构转换之法律》（以下简称《亲环境工业法》），随后又多次修改、完善。《亲环境工业法》为韩国环境政策体系建立奠定了基础，确立了亲环境工业发展综合计划制度。根据《亲环境工业法》，韩国产业资源部长官必须与相关中央行政机关长官协调、共同每五年制订《促进向亲环境工业结构转换之综合措施》计划（以下简称《亲环境综合计划》），规定其所应包含的事项，通过组织实施《亲环境综合计划》，分阶段、有针对性地制定环境改善行动，并确立具体的指标。在亲环境产业政策的推动下，韩国工业的环境问题有计划、有步骤逐渐得到解决，使产业发展能够不断与环境保护融合，推动着企业绿色转型。近年来，韩国企业在相关政策的规定和指导下，应用生态设计和清洁生产技术，不断创制出世界一流的亲环境产品，如三星电子开发出不含铅和卤族元素的半导体，大宇电子开发出不用洗衣粉

① 倪洋等：《韩国环境与健康安全体系及其对我国相关工作的启示》，《环境卫生学杂志》，2014 年 2 月第 4 卷第 1 期，第 101 页。

的洗衣机等。[①]

韩国亲环境农业政策在1997年12月颁布的《环境农业培育法》（2001年修改为《亲环境农业培育法》）中，明确了亲环境农业概念、发展方向，以及政府、农民和民间团体应履行的责任。1998年11月，韩国政府宣布“亲环境农业元年”，并发表元年宣言——《亲环境农业培育政府》。2001年，韩国政府出台了《亲环境农业培育法》，对亲环境农业的内涵和未来发展进行了界定和规划，明确了政府、民间团体和农民各自应履行的责任，为亲环境农业的发展奠定了法律基础。为了有效落实相关政策，韩国制定了亲环境农产品认证标志制度、亲环境农业直接支付制度等，大大激励了亲环境农业的发展，其效果也较为明显。农地排放的氧化二氮和甲烷降低，农产品安全得到保障。亲环境农产品从1998年以后，产量以每年30%的速度增加。[②]

近年来，作为对环境产业政策的升级，2009年1月，韩国政府发布并启动实施《新增长动力规划及发展战略》，确定包括绿色技术产业领域的17个产业作为重点发展的新增长动力，为韩国未来绿色产业的发展指明了方向。

（二）企业自愿认证/协议制度

为了增强企业自身的环保意识，韩国在直接管制企业的同时，也推出了一些自愿认证/协议制度。

环境友好型企业指定制度。韩国根据《环境友好型企业指定制度运营规定》，1996年7月开始实行环境友好型企业指定制度，由企业自己对生产活动的整个过程进行环境影响评价、制定具体环境目标并加以实施。该制度促使企业自律地做出环保行为。具体做法

① 金钟范：《韩国亲环境工业发展政策实践与启示》，《学习与探索》，2006年第3期，第224页。

② 乌裕尔：《韩国的亲环境农业——建设新农村·国外的借鉴之五》，《经济日报（农村版）》，2006年10月16日，第A02版

是企业自愿将其环境管理现状、环境性评价、环境改善计划书等环境友好型企业申请书提交到相关环境管理部门，相关部门通过调查、评价、听证等严格的程序和方法指定环境友好型企业，并给予三年的环境友好型企业称号。被指定为环境友好型的企业受到各种环境优惠的同时，必须严格执行其环境改善计划书，并按期向相关管理部门汇报。该制度将传统的政府与企业之间的对立关系转化为协作关系，提高了企业的环保热情。

ISO14000 认证标准，主要包括产品认证和经营系统认证。1994 年，韩国以英国的 BS7750 和 ISO/DIS14001 为标准，对 52 个企业给予认证，并在 1996 年随着 ISO14000 成为国际规格，制定和实施了《关于促进环境友好型产业的相关法》，实行了 ISO14000 认证制。ISO14000 认证制由韩国认证院主管产品和企业的认证以及事后管理。

自愿协议制度，指环境相关的企业与政府签订协议，企业提出节约能源和减少废气排出的目标额、推进日程以及改善措施并加以实行。政府对其进行调控和评价的同时提供资金和技术上的支援，从而达到能源节约与环保目标的一种非强制协议制度。韩国国家能源节约促进委员会在 1998 年提议引入促进产业能源节约的资源协议制度，并在 1999 年开始实施。到 2008 年韩国累计节约 190 万吨能源，相当于减少 5800 万吨的二氧化碳（约韩国年排放量的 10%）。1998—2008 年间，韩国签订协议的企业数量已从 46 家增至 1300 家左右。[①] 此外，《绿色购买自愿协议》也类似：韩国政府、韩国环境产业技术院于 2005 年 9 月与 30 个企业签署《绿色购买自愿协议》，其规模在持续增长，到目前为止已有超过 100 个企业参与该协议。

（三）环境标志产品认定制度

韩国生态标签认证始于 1992 年。1992 年 4 月制定《关于环境标

① 向明艳：《韩国绿色发展战略研究》，《金融经济》，2014 年第 12 期，第 180 页。

志制度施行的有关规定》，同年6月开始施行。1994年12月出台《环境技术开发及有关支持的法律》，为生态标志的实施提供了技术依据。该认证的实施机构为韩国产业技术研究所（KEITI），是全球环保标志联盟（GEN，Global Ecolabeling Network）和亚洲碳足迹联盟（ACFN，Asia Carbon FootprintNetwork）的正式成员，隶属于韩国环境部。

韩国产业技术研究所组建了审议委员会，由共7—10名包括政府官员、认证机构负责人、消费者代表，以及熟悉产品质量与环保性能的专家组成。为保证决策的公平公正，设立了三个分委会（标准分委会、认证分委会和听证分委会），分别负责认证产品的选择和认证标准的制定，认证评价以及认证监管。分委会的委员来自政府、生产、消费、研究等多个领域，具有广泛的代表性，也保证了认证的科学性、公平性和合理性。

关于认证产品筛选，由标准分委会对产品的市场情况、开展量化评价的可行性、政策与市场的需求、开展产品认证的紧迫性等进行综合评估，经由各利益方的建议和分委会多数专家同意方可通过。目前，韩国生态标签认证范围包括办公用品、电子产品、建筑材料、家具、生活用品、汽车用品等147种产品。同时还向酒店、公寓服务、汽车保险等服务对象提供服务认证。

关于制定认证标准，韩国开展产品生态评价的标准覆盖产品的整个生命周期，包括产品的生产、使用和处理阶段。采用的评价标准要求一般等于或高于相应的国内、国际标准。为保证标准的合理性、科学性和客观性，每项标准都有充分的检测和研究数据作为支撑。在标准制定过程中会征求生产商、生产商协会、消费者、消费者协会、政府机构、研究机构等意见。韩国生态标识认证标准一般包括标准应用范围、条款定义、认证条款、检测方法和发证依据。其中认证条款中主要规定了产品在环境、质量和消费者公示信息中需要达到的要求。检测方法规定了产品达到环境和质量性能所依据的检测方法和审核手段。

关于认证监督，主要是为增进生态标签认证的公信力。通过对获证后的产品以及标识使用情况开展监督，确保产品能够持续符合标准要求，对加贴生态标签的产品开展的宣传内容属实，保证获证企业遵守环境法律法规，同时核查获证产品的生产和销售额，标识和证书使用的规范性，确保不存在滥用和未经授权使用的情况。为了推动环境认证，韩国政府颁布了《环境友好型商品采购促进法》。

2001 年，韩国开始采用生命周期评价法（Life Cycle Assessment，LCA）对环境标志产品进行系统的评价。LCA 是一种对产品、过程以及活动的环境影响进行评价的过程，它是通过对能量和物质利用以及由此造成的环境排放进行辨识和量化来进行的，其目的在于评价能量和物质利用，以及废物排放对环境的影响，寻求改善环境影响的机会以及如何利用这种机会。[①] 韩国已经基本构建完成了自己的 LCA 体系，并开发了相应的数据库系统和软件，同时确立了一套应用 LCA 评价环境标志产品的方法。目前，韩国在笔记本电脑领域应用了 LCA 评价法，选取的评价指标相对简单，对产品评价的全面性尚存在不足。

近几年，韩国顺应全球环境治理的趋势，正在探索低碳产品认证制度。韩国低碳产品认证计划中设计了“温室气体排放量标志”和“低碳标志”。“温室气体排放量标志”是在标志上显示产品的碳足迹。而在获得“温室气体排放量标志”的产品达到国家有关碳足迹的最低消减目标时，即可获得“低碳”标志。目前，韩国有十多种产品获得了第一类认证。

（四）环境影响评价制度

韩国的环境影响评价制度，是随着韩国的环境法律的逐渐发展而不断得到完善。1977 年制定的《环境保全法》第一次规定了有关

① 贾小平、项曙光、韩方煜：《生命周期评价及其在过程系统工程中的应用》，《现代化工》，2007 年第 27（z）期，第 355—358 页。

环境影响评价的条款，但规定过于抽象难以具体实施。直到 1980 年，韩国成立了环境总局，环境影响评价制度作为一项调节机制才真正被执行，环评制度的职能开始得到逐步加强。1990 年的《环境政策基本法》，阐明了国家的环境保护目标和方向，根据该法要求，需做环评的项目扩大到 15 个领域的 47 类活动。该法还引入了公众参与及后评价和管理等内容。1993 年，韩国政府颁布《环境影响评价法》，进一步扩大了环评项目范围，并完善了评价程序。1997 年，韩国环境政策评价研究院作为韩国环境部的下属机构正式成立，负责对环评报告进行评估，并向韩国环境部提交评估报告，由韩国环境部对相关环境影响报告提出意见。

1999 年在《环境政策基本法》修订时，针对环境影响评价工作在项目实施过程中开展太晚而不能有效发挥作用的状况，对《环境政策基本法》中有关环评制度的部分做了相应补充修改，引入事前环境检讨的要求。同年底，针对以往的“单一的环境影响评价”制度难以解决一个项目涉及多个环境影响评价对象时，遇到的程序和成本的问题，韩国出台了《综合影响评价法》，把评价范围分成环境、交通、灾害、人口等四个部门，分别由所属行政机关的环境部、建设交通部、行政自治部等按照各评价对象进行评价协议。2003 年该法修改时，新设了由专家、建设单位、利害关系人参与的评价项目和范围确定委员会按照项目所在地的特点及环境影响的重要性来具体协商确定项目范围的制度。①

2004 年，韩国的《综合影响评价法》将公众参与的规定纳入其中，要求在环境评价书的编写过程要征询受项目直接影响的公众的意见。随后，在 2005 年 5 月修改的《环境政策基本法》中，增加了针对规划环评征求意见的规定：“有关行政机关在编制行政规划的检讨书过程中，必须听取居民、有关专家、环境团体、民间团体等利害关系人的意见，环境保全方面的合理意见应在行政规划中反映。”

---

① 林宗浩：《韩国的环境影响评价制度》，《河北法学》，2009 年 9 月，第 144 页。

建设项目环评的公众参与主要体现在《综合影响评价法》，规定了对于具有重要生态保存价值的区域内实施项目开发时，必须征求居民以外其他人员的意见，并将其反映在评价书的内容里。但对于建设环评的公众参与，法律规定了不包括环保团体在内。这一点与规划环评的公众参与的范围界定不同。

到 2008 年，韩国需进行环境影响评价的项目已扩大到 62 类，涉及 17 个领域，包括公共项目及私人项目。随着法律的完善，公众的参与权力得到进一步保障、参与积极性不断得到调动，韩国环境影响评价制度规定的各项工作得以更加有效的开展。

（五）环境技术促进制度

20 世纪 90 年代，韩国环境恶化，单一的末端强制治理模式具有明显弊端，于是韩政府开始探索鼓励污染预防技术的研发，逐渐从法规政策、机构管理、资金支持等方面形成自身特色的环境技术推动机制。

1994 年，韩国政府颁布关于环境技术研发的《环境技术研发与援助法》，要求相关机构推动环境技术研发项目，实行新技术认证和技术检验，建立和运营韩国环境技术振兴院和环境技术研发中心，培养环境技术人才，培育环境产业等。2008 年后为实现低碳绿色增长，同时及时参与环境技术及产业的国际竞争，韩国环境部将《环境技术研发与援助法》修改为《环境技术和环境产业援助法》。

根据《环境技术研发与援助法》，韩国政府 2003 年开始制订环境技术研发的五年综合计划。并且，自 2008 年逐渐出台中长期环境技术研发规划，相继制定了“土壤、地下水污染防止技术”“环境融合新技术”“未来有前景绿色项目”等多项中长期研发规划。

进入 21 世纪后，随着环保理念从环境和资源保护向可持续发展方向转变，韩国对环境技术的鼓励也从最初的清洁生产技术、无废工艺技术、资源再利用技术等方面，逐渐转向新能源技术、资源综合利用技术、节能技术等实现可持续发展的环境技术研发领域。

2008年，韩国政府首次提出“低碳绿色增长”模式，作为新时期国家发展的首要方向。2009年1月，韩国政府公布了《绿色能源技术开发战略路线图》，2010年，韩国政府制定《低碳绿色增长基本法》，为加大绿色技术的研发投入、制定绿色增长计划，明确了方向。

环境技术研发中长期战略由环境部制定。但韩国参与环境技术政策制定的中央行政机关主要有环境部、教育科学技术部等11个部门。环境部下属的国立环境科学院、国立生物资源馆负责政策制定的事前调查研究。韩国环境产业技术院负责技术开发、预算管理。部门间的协调，由国家科学技术委员会负责。为推动符合地区发展现状的技术研发项目，提出有针对性的解决方案，韩国政府在20世纪90年代末在各地区建立“地区环境技术研发中心”，目前已建立18个“地区环境技术研发中心”。

针对企业的规模和能力不同，韩国有区分性的制定了大小企业的技术促进政策。就研发投入能力较强的大企业，通过树立典型来鼓励技术研发。韩国政府制定了“生态之星”等大型环境研发项目，吸引大企业对环境技术研发的投入。针对中小企业，政府依据销售业绩、技术创新力量等指标，选出优秀企业进行大力扶持。而对落选企业则提供通过适度的帮助，鼓励其达到优秀企业标准。[①] 考虑到中小企业的资金能力有限，政府还为申请技术认证的中小企业提供“特许先行技术调查”援助，并对创业中的企业实行减免的优惠税收政策。

韩国的环境技术促进机制的有效运行，也与其持续增长的资金支持相关。例如，2008—2012年，韩国政府环境技术研发预算以年均8.8%的速度增长。为技术研发的持续进行提供了稳定的支持。

---

① 韩国环境部：《第2次环境技术研发综合计划（2008—2012）》，2008年5月，第62页。

四、经验总结

由于国家资本在全部资本占比超过60%，韩国采用的是“干预+市场”的混合型模式。其特征是政府对企业进行直接干预，是政府强力调控下的市场经济。同时，政府对各种企业均一视同仁，并不对国有企业实行保护和优惠政策。韩国与日本类似，与市场经济体制相适应，韩国给与公民权益的时间也较早。在环境权力方面韩国1980年就在宪法及环境法律中做了规定。因此政府主导、公众参与的多元环境治理，也较早在韩国实现。但与日本不同的是，韩国的公众参与更多体现出了公众自觉的特征，这与韩国政府过多介入微观运行并承担较多的环境监督职能有关。环境治理主体的关系在韩国就表现为“强”政府+“弱强”第三方的特征。

韩国是一个资源短缺国家，资源和能源大部分依赖进。但韩国较早采取环境治理措施，二十几年来的环境保护行动，使得国内环境有较大的改观。大气中的二氧化硫、总悬浮颗粒物污染大量减少。例如，庆尚北道积极推进环境政策的实施，大气污染得到充分治理，道内主要城市的二氧化硫水平大大低于环境的基本标准值要求，道内主要水系洛东江的水质明显好转，废弃物作为资源得到积极利用，生态公园建设取得进步，野生动物得到充分保护。2014年，韩国实现了可吸入颗粒物（PM10）由原来的14681吨下降到8999吨，浓度也由每立方米65微克降低到40微克，氮氧化物（NOX）由309987吨下降到145412吨，浓度也由37ppb下降到22ppb。

水污染治理方面，建立了点源污染控制体系，水质有了明显的改观。[①] 韩国重要的工业城市大邱，自20世纪60年代起，由于工业发展迅猛及城市化进程过快，作为大邱市主要河流的新川河被工业污水和生活污水污染，失去自净能力。20世纪70年代，该市内主要

---

① 范纯：《韩国环境保护法律机制研究》，《亚非纵横》，2010年第5期，第57页。

河流新川河河流干枯、堆满垃圾、臭气熏天，整个大邱的水生态损毁殆尽。截至1997年，大邱市共投入800万美元进行新川河治理工程。目前，新川河又恢复了自然生态，河里水鸟栖息，河两岸的公园和运动场内游人如织。大邱对水环境的治理不仅在当地获得广泛赞誉，2006年甚至获得联合国的表彰：联合国环境计划署下属的亚太环境开发论坛将年度银奖授予大邱，表彰该市陆续投入1.8万亿韩元整顿和治理包括新川河及琴湖江在内的水环境。特别是新川甚至出现了水獭栖息，这种环境改善的成功令人惊异，因此决定授予其银奖。

为解决水资源不足问题，2009年韩国政府启动汉江、洛东江、锦江、荣山江开发项目，整体改善河流周边环境，解决由于气候变化引起的水资源问题，振兴以文化和历史为内容的观光旅游，实现四大河流的再生。2010年8月，时任总统李明博被联合国《生物多样性公约》组织授予“生物多样性公约奖”，表彰他对首尔市清溪川复原工程以及“绿色增长”所做的努力。①

韩国以《环境政策基本法》为重心的环境法律体系环境立法内容全面，能随着形势变化不断调整完善，确保环境治理机制创新和调整的必要法律支持。环境行政不断发挥主导作用，能制定出符合形势变化的新环境政策，环境诉讼则发挥了法律的最后保障作用，对维护环境秩序和保障环境受害的法律救济发挥着平衡作用。此外，环境教育和环境NGO在环境遵法和守法方面作用显著，对环境保护法律机制起着补充和支持效果。

（一）及时调整并有效落实的环境管理机制

韩国完善的环境法律管理体系，决定了政策落实有坚实的依托。在充分的法理支持下，韩国政府的环境管理及其政策能不断将环境

---

① 《联合国机构向李明博颁发环境奖》，新华网，http：//news.xinhuanet.com/world/2010—08/25/c_ 12480781.htm，2016年3月13日。

保护、生态维护、可持续发展、低碳经济等新理念及时转化为实际行动。同时，政府在机制上对环境保护全力支持，并与经济发展政策相统一，是环境政策措施落实到位的首要原因。

以气候变化应对为例，为了促进减排的同时推动经济发展。韩国制订不同阶段的“综合对策行动”，并积极落实。在 2005 年 2 月发表的 2005—2007 年第三次综合对策方案中，韩国政府提出引进碳税制度，并从 2009 年 11 月选择了最为严厉的 30% 的减排目标，是当时发展中国家和新兴市场国家中是最高削减水平。[①] 同年，韩国发表了《绿色增长国家战略》和“绿色经济增长五年行动计划”。在此基础上由国会通过了《低碳绿色增长基本法》，要求通过节约和有效使用能源和资源，减少气候变化和环境污染；通过绿色能源和绿色技术的研究开发，促进经济增长和就业，达成环境与经济相协调的经济增长。为确保各项工作的有效落实，韩国政府设置了总统直接领导下的“绿色增长委员会”，制定、施行“低碳绿色增长”的政策目标。在该委员会审议的“五年行动计划”（2009—2013 年）中，拟投资 107 万亿韩元用于“绿色增长”，推动韩国成为世界一流的绿色产业国家。

（二）充分保障公民环境权力和能力，发挥公民的环境维护作用

韩国《环境政策基本法》与《宪法》中对公众的环境保障的相关规定互为支撑，使公民的环境权力得到充分了的法理保障。在《环境政策基本法》第 1 章第 1 条明确规定：“本法通过明确有关环境保全的国民的权利、义务和国家的职责，确定环境政策的基本事项，从而预防环境污染和环境毁损，适当、可持续地管理、保全环境，使所有国民享受健康舒适的生活为本法的目的。”这一规定与韩国 1980 年宪法第 35 条第 1 项“所有国民都享有在健康快适的环境

---

① 范纯：《韩国环境保护法律机制研究》，《亚非纵横》，2010 年第 5 期，第 56 页。

中生活的权利，国家和国民应当为环境保全而努力”中关于环境权的规定相一致。2005 年 5 月修改的《环境政策基本法》中，又增加了征求意见的具体规定：“有关行政机关在编制行政规划的检讨书过程中，必须听取居民、有关专家、环境团体、民间团体等利害关系人的意见。环境保全方面的合理意见应在行政规划中反映。”

实际操作中，韩国政府为了确保环境政策工具选择过程中社会公众的广泛参与，实行了环境情报公开制度。通过专门设立环境情报公开系统，将政府的环境信息进行公开的同时，赋予公众环境情报请求权。实现了政府在环境政策工具选择过程中，普通民众可以通过听证、协商、谈判等途径参与决策。为了确保听证会发挥应有作用，韩国政府还实行电子听证会，通过互联网途径使公民参与到环境政策工具的选择过程，扩大了公民参与环境政策工具选择过程的范围。

与此同时，韩国政府还努力提供培训教育机会，提高公民行使环境权力的能力。从 1982 年开始，有关环境的政策、问题等就记载在教科书中，对“自然环境”“灾害和公害”“自然保护”等的定义、政策、存在的问题进行知识普及。每一年，韩国政府对环境教育的研究和投资都有所提高。2008 年 3 月，韩国通过了《韩国环境教育振兴法》，要求国家每五年制定一次环境教育综合计划，内容包括环境教育的目的及方向、基础建设、专业人才培养、资金筹集等事项。[①] 由于对公民参与环保的大力支持，民间环保组织、专业的环保工作者在普及和深化全民环保意识的过程中也发挥了巨大的作用。

（三）政治民主化使非政府组织发挥重要的作用

20 世纪 80 年代中后期，韩国政治民主化运动的推进，不仅唤起了公民更多的维权意识，而且也使政府能够放低姿态更多地去听取

---

① 王民、王元楣、陈亚娇：《韩国环境教育振兴法解析》，《环境教育》，2009 年 9 月 7 日。

民意，给了环保组织更大的活动空间。此后，越来越多的专业环保组织成立，随着韩国的政治民主化，在参政议政方面也取得了一定成果。自卢泰愚政府后期，韩国的环保组织就开始积极介入政府、国会和其他相关国家机构的政策决策之中。在金泳三和金大中政府时期这种倾向更为明显。[①] 2000 年，环保组织联合政府、企业和其他市民团体联合组建了总统顾问机构——“可持续发展委员会”，为环保组织参政议政提供了合法平台。

到 2003 年，韩国有 400 多个环境保护团体，其中最大的环境非政府组织——“韩国环境运动联盟”（KFEM），会员超过 10 万人。目前，环境非政府组织在环境调查、宣传和教育等方面发挥了积极作用。由于在观念上越来越倾向于人与自然和谐共生，环境非政府组织尤其是在生物多样性保护、应对气候变化等方面，对公众意识提高起到明显促进作用。环境非政府组织虽未进入韩国的环保法律机制，但其客观上的环保促进作用非常明显，对韩国的环保法律机制在调动和保护公众利益方面的不足起到了必不可少的补充作用。

（四）“绿色增长”的国家发展战略的积极落实，使环保与经济发展较好融合

韩国确立“绿色增长”为长期发展战略，并非口号，而是在国内经济运行全过程、国际合作的行动中，在政府的推动下积极落实这一战略目标，使“绿色增长”成为韩国的国际品牌。在国内，通过提供资金，推动产业转型、技术升级 、市场运行、消费绿色化等，对国内经济系统运行全过程的影响，贯彻绿色增长战略；在国外，通过积极的国际环境合作、开拓国际市场，将“绿色增长”战略的理念和成果推向国际舞台。

韩国 2008 年出台了《低碳绿色增长战略》，提出以绿色技术和

---

① 焦佩：《韩国的环保运动和绿党初探》，《当代韩国》，2013 年第 1 期，第 77 页。

清洁能源创造新的增长动力与就业机会的国家发展新模式。随后一年，韩国制定《绿色增长国家战略及五年行动计划》，确定2009—2050年“绿色增长”的总体目标和具体政策。2009—2013年，韩国每年投入占GDP2%的资金发展绿色经济，五年累计投资107.4万亿韩元。这些投入为韩国实现经济效益约181.7万亿—206万亿韩元，占韩国GDP的3.5%—4%，新增156万—181万个就业岗位。[①]

目前，“绿色增长”已是韩国国内促进产业转型的动力。围绕“绿色增长”，韩国大力促进环保产业发展，通过发展清洁能源、绿色经济、绿色技术和绿色工业引导环境和经济和谐发展。韩国环保产业的市场逐步得到激发，2005年以来，市场容量年均增长率高达16.6%。产业内约有3万家企业和18.5万名员工，年平均增长率高达23.1%。水处理、空气污染控制和废弃物管理为三大核心领域，其产品和服务主要出口中国、东南亚以及中东等国。

韩国政府不断推出技术创新等激励计划：生态技术21世纪计划（Eco-Technopia 21）、环境创新计划（Eco Innovation Program）、清洁技术及绿色融合技术（Green Fusion Technology）项目等。这些计划及项目得到政府强有力的财政支持。按照政府计划，2008—2017年期间对清洁技术投资1400亿韩元，2009—2013年期间对绿色融合技术投资240亿韩元，2011—2020年期间将对环境创新投资2万亿韩元。

在促进绿色消费方面，韩国采取了诸多政策，推行生态标志计划、碳足迹标志计划、绿色商店设计标准、绿色公共采购，以及绿色信用卡计划等。截至2010年，韩国获得生态标志认证的企业有1636家，7879种产品，总产值高达25万亿韩元。通过碳足迹认证的产品有500种。[②] 同时，通过试点11家绿色商店，提高民众的绿色消费意识，促进绿色产品的销售。

---

① 贾宁、丁士能：《日本、韩国环保产业发展经验对中国的借鉴》，《中国环境管理》，2014年第6期，第51页。

② 贾宁、丁士能：《日本、韩国环保产业发展经验对中国的借鉴》，《中国环境管理》，2014年第6期，第51页。

（五）充分利用国际合作平台，获得国内国际环境利益

韩国对环境国际合作的重视，除了源于其树立的“成为全球化国家”的目标外，也希望借助更大的平台促进自身的环境改善，并赢得全球绿色品牌效益。

作为对国内绿色增长战略的呼应，韩国政府提出力争于2020年跻身全球七大绿色经济体行列，到2050年则进一步成为全球五大“绿色强国”之一。为配合以上“全球目标”，韩国制定了《低碳绿色成长基本法》（2010年），确立在国际合作中“履行国际社会成员的责任，建设成熟先进一流国家”[①] 的宗旨。在政府的引导下，韩国汽车、能源等产业界不断在跨国经营中注入环保理念，在全球赢得良好声誉。韩国三星集团2004年开始对供应商实行“绿色合作伙伴”认证制度。以现代汽车集团为代表，韩国正致力于跻身世界“绿色汽车四大强国”行列。目前韩国核电技术已跻身世界前列。

自1992年韩国积极加入多边环境协定，几乎全球所有重要的多边环境协定都有韩国的身影（《联合国气候变化框架公约》《保护臭氧层维也纳公约》《关于消耗臭氧层物质的蒙特利尔议定书》《生物多样性公约》等）。在全球环境合作平台上，韩国主动承担责任、积极发挥协调和组织作用。2009年哥本哈根世界气候大会上，韩国总统李明博曾当众宣布，韩国中期减排目标是到2020年使温室气体的实际排放量比预期排放量减少30%，成为当时所有发展中国家做出的最大承诺。通过主动提供资金支持和管理服务，联合国在韩国设立了绿色气候基金（《联合国气候变化框架公约》专门的资金机制）、全球绿色增长研究所（韩国主导下创立，于2012年获得认可，正式转为国际机构）。该研究所是一个由全球思想领袖、专家学者和非政府组织负责人组成的智囊团，通过提供技术支持、当地政策设

① 高铭志等：《日本、韩国及中国台湾地区气候变化及能源相关基本法与草案之研究》，《清华法律评论》，2012年第1期，第101页。

计和低碳增长方面的能力建设，帮助发展中国家政府制定适合其国情的绿色发展政策和决策机制。联合国机构在一国的设立，意味着所在国相关领域具有技术、服务等实力，也意味着相关领域将进一步得到国际社会的认可和关注，为自身带来客观的市场机会和经济效益。

（六）有效的行政纠纷解决机制，大大提升政府环保效率

韩国的环境纠纷行政解决制度虽然是韩国环境司法制度的补充，但在实践中为韩国环境纠纷的有效解决做了很大的贡献。环境纠纷行政解决制度，是基于环境诉讼耗时长、成本高，使得环境纠纷的解决效率较为低下，而由政府给出的补救措施。韩国的环境纠纷行政解决制度，自 1997 年依据《环境纠纷解决法》规定实施以来，在解决环境纠纷方面体现出的较高效率，获得了公众普遍的认可，相较于一般司法途径，成为更受欢迎的解决机制。

环境纠纷行政解决机制的法定机构是纠纷解决委员会。根据《环境纠纷解决法》，该机构具有做出单方裁决决议的权利。一旦环境纠纷双方当事人接受委员会的调解建议，环境行政制度就成为唯一有效的解决环境纠纷的方式。韩国纠纷解决委员会由中央和地方两级组成。前者由韩国总统任命，后者由地方行政长官任命。委员会的职责包括：调解环境纠纷、调查投诉、听取环境污染受害方的陈述并答复、研究阻止环境纠纷的方法、开展与环境有关的公众教育等几方面内容。

韩国的环境纠纷行政解决方式有三种：前期调解、调解和仲裁。前两种不产生法律效力，除非当事人自愿服从委员会的调解。后一种具有法律效力，双方当事人接受协议后不再提起民事诉讼。前期调解是调解的前置程序，如双方当事人能在前期调解程序解决纠纷，就可以不进行调解程序。环境污染受害者可以直接申请仲裁程序，但当委员会发现调解更有利于纠纷的解决时，可以终止仲裁程序而开始调解程序。调解和仲裁不能解决的纠纷，可以申请民事诉讼程

序解决。

对于有共同事实基础，涉及当事人不只一方的环境纠纷，为了节约法律成本和避免法律程序的重复，韩国规定了行政解决的集团诉讼制度，并且提供了两种具体的操作模式，即代表人调解和第三方调解。所谓代表人调解，就是环境污染的受害者推选 1—3 个代表作为环境纠纷行政解决的原告，代表他们在委员会面前陈述受害事实和提出赔偿请求。这些代表可以来自受害者本身，也可以来自社会团体。但当有大量的受害者又不能立即识别的情况下，第三方调解是政府给出的一个解决方案。具体实施中，先由潜在的第三方代表受害者追究环境污染致害者责任。

第五节　国际环境治理经验小结

从以上四个国家的环境治理经验来看，只要将市场规律作为经济的基本运行准则的国家，无论是以完善的制度、严明的法律，还是“操心”的政府指导[①]来确保市场运行的效率，但都不可或缺的是第三方的参与和监督对环境产品市场失灵的所发挥的作用。这几个国家的环境治理，都是由“自上而下”的政府管理和“自下而上”的第三方治理组成。第三方治理的“强”“弱”，取决于政府管理力度的大小，二者之间绝没有相互取代的现象（即只有政府环境管理，或只有第三方环境治理）。这说明，在一个像环境善治而努力的国家中，政府环境管理与第三方环境治理的作用缺一不可。而二者在多大程度上发挥作用，则取决于所在国家、地区本身的政治体制的特征。

除此之外，1992 年联合国环境与发展大会之后，全球发展观的

---

① 由于各国发展经济所处的国际国内背景不同，政府采用不同的模式，一般取决于本国经济主体的竞争实力。美国采用自由市场经济，在于其自身的竞争力较强。

改变，也在改变各国对长远发展的观念，环境与经济社会相协调可持续发展的观念逐渐被接受，并在努力践行中形成自身新的竞争力。

总结而言，以上典型国家的环境治理关键经验包括可持续发展价值观的普及、公民社会的有效参与、政府执法的有效落实、经济与环境利益的平衡等，涵盖了价值观念、治理主体、治理机制、治理政策等领域。

一、可持续发展成为环保核心价值观

这几个国家都是1992年全球可持续发展理念的积极响应者和实践者，可持续发展价值观的深入影响体现在环境与经济协调之间不断提升的有效协调中。

1996年，美国出台“美国国家可持续发展战略——可持续的美国和新的共识”，并由两个机构负责实施可持续发展战略计划：总统可持续发展理事会、可持续社区联合中心。为实现可持续发展战略，美国通过改革税收和补贴政策，采用市场激励手段等改革环境管理体制，确立了新的、有效的政策框架，并在资源保护、社区建设、人口与可持续发展方面采取了一系列措施。德国十分重视可持续发展问题，早在1992年里约会议上德国就实施全球《21世纪议程》做出了承诺。1994年，德国《基本法》在第20a条中将环境保护与可持续发展正式确定为国家目标。1996年10月生效的德国《循环经济和废物管理法》确立循环经济是德国走向可持续发展的具体突破口。1997年，德国向纽约联合国可持续发展特别会议提交《走向可持续发展的德国——德国政府报告》和《行动的时代——德国可持续发展委员会报告》等文件。日本则明确把21世纪定位为“环境世纪”并实施“环境立国”战略，2007年6月1日通过的《21世纪环境立国战略》确定了可持续社会建设、环境保护、经济成长和地区振兴等四个主要方案，以及具体实施的八项重点政策。韩国2000年成立的可持续发展委员会，属于总统直属咨询机构，由环境部、建设交通部、农林部、财政经济部等政府部门的12名副部长级官员、总统府负责劳动和福利保障的秘书官和 20 位民间委员组成。在韩国可持续发展委员会的监督下，韩国国土研究院于近期发表了第四个国土综合计划，提出了韩国在 21 世纪前期的基本发展蓝图，时间跨度长达近 20 年，即从 2002 年到 2020 年。按照这个综合计划，韩国在 2020 年将实现沿海和内地的均衡发展。

二、环境政策促进经济发展与环境保护互动共赢

美国环境税的征收，确保了环境违法与守法者之间的公平，对（环境）政策制定的成本—收益分析的要求确保了政策的经济合理性和可实施性。德国环境税、生态税的实施，使短缺资源的成本和环境污染的代价变得昂贵，对废物减量、节约型社会建设及循环经济的发展起到了积极推动作用，规范了环境行为，也有效引导了产业向绿色生态发展。尤其，德国较早发展循环经济，公众养成良好的消费习惯、企业做到资源节约和循环利用，经济发展与资源节约很好衔接和促进。日本自 20 世纪 70 年代以来即开始致力于开发环境技术，最终在污染防治技术、废弃物适当处理和再资源化技术、清洁生产技术等领域都处于世界领先地位。工业发展依靠环境友好技术，对环境的影响最大限度地得到降低，而企业在这一过程中，高技术、高质量的产品品牌得到树立，工业经济与环境保护的关系出于和谐发展中。韩国在“低碳绿色增长战略”的支持下，不断加大资金和技术投入，促进进环保产业发展，通过发展清洁能源、绿色经济、绿色技术和绿色工业引导环境和经济和谐发展。2005 年以来，环保产业市场容量年均增长率高达 16.6%。产业内约有 3 万家企业和 18.5 万名员工，年平均增长率高达 23.1%。水处理、空气污染控制和废弃物管理为三大核心领域，其产品和服务主要出口中国、东南亚以及中东等国家和地区。

三、民众的参与是环境治理成效的关键

对于真正想推动环境治理的国家而言，保障公民有效参与环境

保护的权力，可以大大提升环境监督的效力并推动环境目标的实现。美国在《国家环境政策法》中明确公民的环境权力，并在其他专项法中对公民诉讼权做专门的规定（特别是环境公民诉讼法制度的引入），充分保障公民参与环保的权力。德国把环境教育置于学校教育的优先战略地位，并将环境教育渗透式地贯彻到学校教育、家庭教育、社会教育的整个过程，全面提升公民参与环保的能力，把公民的环境参与作为环境保护推动的中坚力量。日本对公民环境权力的保障，也较早开始。1970 年修改的《公害对策基本法》明确规定：居民应努力以一切适当方式协助国家和地方政府实行公害防治措施。[①] 到了 20 世纪 90 年代，日本政府更加重视引导公众参与环保行动。从消费观念、和环保社会责任方面促进公众的参与积极性。在 1993 年颁布的《环境基本法》和 1994 年制定的《环境基本计划》中，将公众参与定为基本原则和长期目标。韩国不但在《宪法》中对公众环境权力做出规定，还在《环境政策基本法》再次明确，使公民的环境权力得到充分了的法理保障。

除了法律对公民权力的保障，这几个国家都将各类环境教育与培训纳入正统的教育设置中，有计划的提升公民的环境参与和识别能力。

四、产业政策是环保产业成为国民经济发展支柱的关键因素

当今社会，各国都将产业或工业的发展作为自身经济能力提升的重点。因此产业发展是否体现环保的理念，体现了一国对环保重视的高度。美国、德国、日本、韩国政府对环保的重视也体现在其产业政策方面。发达国家的环保产业起于 20 世纪 70 年代，由于政府对环境管制的严格化，环保产业获得了高速的发展。经过数十年的努力，环境状况明显改善，环保产业进入技术成熟期，成为国民

---

① 康树华：《日本的〈公害对策基本法〉》，《法学研究》，1982 年第 2 期，第 59—64 页。

经济的支柱产业之一。

经过30多年的快速发展，发达国家环保产业的产值已占到了国内生产总值10%—20%，介于风头正劲的制药业和信息业之间，高于其中的计算机行业，并且它以高于GNP增长率1—2倍的速度发展。目前，发达国家的环保技术正向深度化、尖端化方面发展，产品不断向普及化、标准化、成套化、系列化方向发展。新材料技术、新能源技术、生物工程技术正源源不断地被引进环保产业。并且，发达国家早在20世纪70年代就形成了以污染控制设备为主体的环保市场，并一直稳定发展，近年来由于绿色产品的行销，环保市场出现持续增长的势头。目前，世界环保设备和服务市场仍是以美国、日本、欧洲国家等发达国家为主体。据统计，目前全世界环保市场达到3000亿美元每年，其中美国和加拿大约占1000亿美元，日本和欧洲占1000亿美元，其他国家占1000亿美元，并且世界环保市场以每年以7.5%的速度增长。由于发达国家环保技术相近，环保市场竞争异常激烈。美国的脱硫、脱氮技术，日本的除尘、垃圾处理技术，德国的水污处理技术，在世界上遥遥领先。在无氟制冷技术方面，美国和欧洲展开了争夺，日本和欧洲在资源回收上进行角逐。由于发展中国家的环境技术明显落后，其环境市场也成了发达国家争夺的对象。

这些国家将环保产业纳入顶层设计，立足国情，制定节能减排与环保的中长期方针路线，向环保产业市场释放积极信号，引导产业方向。日本政府于2009年底出台“新增长战略”基本方针，将创造“绿色、创新环境和能源大国”作为重要目标。2010年3月，日本政府制定中长期温室气体削减路线图，目标是到2020年削减25%温室气体，2050年削减80%温室气体。德国联邦政府于2009年制定《能源战略路线图2020》，目标是到2020年可再生能源发电量占到全国电力消费的30%，其中水电、风电和生物质能发电分别达到4%、15%和8%。2009年，美国颁布的清洁能源安全法案明确要求二氧化碳减排，在2005年的排放量基础上，2020年减少17%，

2050 年减少 83%。

五、环境外交是经济绿色转型的重要平台

以上对美、德、日、韩四国的环境保护经验总结时发现，环境外交在其经济绿色转型过程中都发挥着重要作用。通常在环境外交领域较为活跃的国家都是自身环保做得比较好的国家。但在传统的经济发展模式下，环境保护与经济发展的矛盾不可避免，并且在关系国家发展的重要领域（例如传统能源的应用），国内政策往往较为保守。而在环境外交领域起到主导作用，一般需要相关国家在相关问题上的表率。迫于国家压力，这些惯于利用国际平台提升对外形象的国家，不得不对外做出表率性承诺。一旦承诺，其国内相关的行动就要列入计划。从这个角度来说，环境外交的积极参与，大大助推了一国开展环境减排示范进而落实经济转型的进程。

在这方面，美、德、日、韩四国的环保历程中都有类似的收获。以气候变化公约的实施为例。由于国内利益集团的阻挠，美国最初拒绝参与。意识到全球应对气候变化会带来新一轮的技术革命和全球产业转型时，奥巴马政府结合国内的技术发展进程，开始有选择地参与到全球气候减排的谈判中，并于 2015 年 3 月 31 日正式向联合国递交了预计 2025 年实现的温室气体减排计划。美国政府近几年在全球环境外交领域的积极参与，也大大刺激了国内环境技术的发展。目前美国在全球的新能源技术领域已处于领先地位。毋庸置疑，未来在新能源和绿色转型的经济合作中，美国的市场是广大的，这将是美国经济顺利转型的基础。而德国作为全球环境治理领域的积极参与和饯行者，由于国内民众对环境保护的公益意识较强，对于国家在全球环境领域的倡导者作用，较为支持。这使得德国在参与全球气候减排的国际国内行动配合较好。德国 1997 年签署《京都议定书》，并于 2000 年提出本国的《国家气候保护计划》，国内的产业政策和企业活动做出积极响应。迄今，德国在新能源领域有了长足

的发展，国内新型产业得到大力发展，环保技术及服务出口每年带动的额外投资增加了300亿欧元。[①]

第六节 推进中国环境治理体系与能力现代化的路径

中国开展环境治理的理论和实践探索，是自2003年中国共产党十六届三中全会提出“科学发展观”后。在理顺环境与发展之间关系的过程中，逐渐意识到经济想要长远发展，处理好环保与发展的关系至关重要。而协调二者之间关系所牵涉的未来发展道路，又是一个不同以往的全新选择，需要在观念、机制、体制方面重新构建。2013年底，党的十八届三中全会通过了《中共中央关于全面深化改革若干重大问题的决定》，提出经济、政治、文化、社会以及生态文明建设等领域的“五位一体”体制改革，生态文明的可持续发展之路成为必然选择，生态环境治理现代化也成为其中一项重要内容。

按照环境治理三要素的关系，治理主体和治理机制是治理成效的关键保障，只有治理主体和机制的关系理顺，治理成效才可能显著。美、德、日、韩等国的治理历程中，能看到其完成善政后走向善治的经历和经验。这也印证了以上对中国的生态环境治理现代化内涵的分析和判断。因此，在构建中国的生态环境治理现代化的路径时，善政和善治的兼顾也是必然，需要包括观念的树立、制度体系的构建与完善、参与主体效率的提升（政府执政效率、第三方参与效率）等。

---

① 《德国应对气候变化的政策和措施》，商务部网站，http：//www. mofcom. gov. cn/aarticle/i/dxfw/jlyd/201012/20101207309190. html，2016年9月25日。

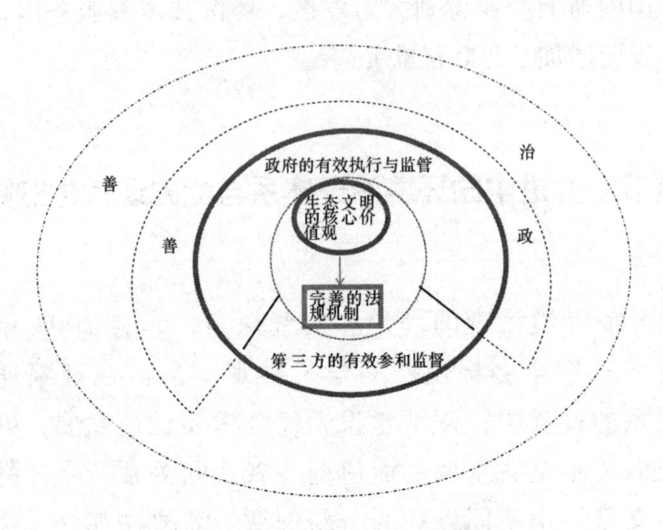

图3 生态环境治理现代化的路径

资料来源：笔者自制。

一、坚持以生态文明为核心价值观，践行可持续发展

可持续发展理念，兼顾经济发展与环境保护，以经济、环境、社会全面发展为最终目标。走可持续发展道路，是包括中国在内所有进行工业现代化发展的国家的必然选择，也是环境治理现代化开展所必须的社会基础。但可持续发展的推动是一个综合的工程，需要从价值观，到经济、环境、社会发展等全方面的理论体系和运行机制的构建，需要在可持续发展的道路选择下，长期稳定推进这一系统发展工程。

可持续发展的观念已经在中国精英层面（包括知识阶层和领导层）形成共识，在这些人的推动下，可持续发展观正在与中国现实结合而形成自身特色的“生态文明”的可持续发展理念。2012 年后，中国共产党的第十八次代表大会将生态文明建设纳入了中国特色社会主义事业“五位一体”总体布局，生态文明作为执政理念上升为党的意志。2013 年，中国共产党第十八届三中全会通过的《关于全面深化改革若干重大问题的决定》，进一步做出了加快生态文明制度建设，深化生态文明体制改革的具体战略部署。2015 年，中共中央和国务院发布《关于加快推进生态文明建设的意见》，指出要协同推进城镇化、工业化、农业现代化、信息化和绿色化。

中国的生态文明建设与全球层面可持续发展的进程始终相呼应、理念相通、目标一致。可持续发展的目标是处理好人口问题、资源问题、环境问题与发展问题的关系，保证现代和后代人有同等的发展机会，做到人与自然和谐相处。生态文明建设的目标是要“努力建设美丽中国，实现中华民族永续发展”，“形成节约资源和保护环境的空间格局、产业结构、生产方式、生活方式，从源头上扭转生态环境恶化趋势，为人民创造良好生产生活环境，为全球生态安全做出贡献”，二者的目标具有高度的一致性。生态文明建设涉及到经济、政治、文化和社会领域的生态化改造，是整个经济社会价值观念、生产生活方式的变革。随着对可持续发展观的深入理解和实践中的积极探索，中国的生态文明不仅体现为一种发展观念，它是在中国共产党执政过程中对中国经济社会和环境发展问题认识的不断深化中产生的，并随着十八大将生态文明建设写入党章，其已经成为中国共产党的核心价值和执政理念。

因此生态文明的核心价值观是可持续发展理念在中国的发展，对生态文明的坚持和饯行，是中国可持续发展道路落实的基础，也是环境治理现代化实施的基石。

二、坚持不断完善生态环境治理制度体系，保障治理效率的逐渐提升

生态环境治理的制度体系是治理行动据以开展的依据，在确立了生态文明的价值观后，中国的环境治理还需要在价值观的指导下，坚持不断完善生态环境治理的制度体系，在推进生态保护的制度化、科学化、规范化、程序化、观念化建设中，不断修正现有体系存在的问题，并按照生态环境治理现代化的内涵和任务，补充完善法律制度内容，逐渐完成制度体系的构建。

总结美、德等国的经历，它们在其本国的环境治理制度体系的构建过程中，也曾由于观念上缺失对环境与发展、人类生存与生态维护相协调的考虑，导致环境损害与发展失衡问题交叉出现。后来在经历自我反思和观念的转变后，这些国家将生态运行规律与人类发展统筹考虑的可持续发展观作为经济社会发展的基本价值观，并在此基础上建立、修正或完善法律体系，以及将法律制度加以落实的政策制度措施，环境治理法律环境与经济社会发展统筹考虑也走了不少弯路。美国从二战后开始、德国从 20 世纪 50 年代末开始、日本从 20 世纪 70 年代开始、韩国从 20 世纪 70 年代末 80 年代初开始，基本上都经历 30 年左右的时间，完成或基本完善环境治理法律制度体系。

我国生态环境治理的法律制度保障体系的构筑是开展生态环境治理最基础的工作，它既是环境治理各项工作开展的行为准则，也是治理成效的核心保障。我国新的环境治理法律制度体系对旧体系的替代不是取消一个和新建一个的关系，而是在旧的制度体系基础上，校正不合理的、低效的内容，添加合理的、高效的部分，与此同时，还要补充完善符合生态环境治理内涵的新内容，不断搭建出接近目标中的、体现生态文明理念的环境治理现代化的制度体系。在这一过程中，还要保障现有的环境治理工作的正常运行。因此制度体系的构建是复杂的、系统的工程，需要足够的耐心和毅力。发达国家经历几十年的时间完成的过程，在中国同样也需要一定的时长来完成。只是有了这些国家的经验教训，中国可以避免一些弯路，能够尽早在较为完善的生态环境制度体系下，实现环境保护和民生发展的目标。

三、提高公众的参与和监督能力

理论和实践的研究中都发现，除政府外的第三方参与的环境保护，在环境治理中有效弥补了政府管理的盲区，在一定程度上第三方甚至能够发挥公共监督的主要责任（例如德国）。中国的环境保护行动中，第三方（包括民众和社会组织等）的参与非常有限。与美、德、日、韩四国相比，中国的公众既缺乏有效的参与渠道，也欠缺足够的参与能力。在环境治理较好的国家中，公众能发挥主要的环境监督、环保促进的作用，在中国较为少见。公众参与环境保护对解决环境问题具有极其重要的作用，已成为世界各国的共识，而且是发达国家解决环境问题的重要经验之一。

中国开展生态环境治理现代化的行动，也需激发第三方参与的潜力。中国迄今为止，为提升民众的环保积极性做了不少工作。早在 1994 年，国务院发布的《中国 21 世纪议程——中国 21 世纪人口、环境与发展白皮书》，就提出“实现可持续发展目标，必须依靠公众及社会团体包括工人、农民、妇女、青少年、科技界、教育界等的支持和参与”。这是中国政府首次在纲领性文件中系统、全面阐明了环境保护公众参与的路线方针。2002 年，《环境影响评价法》首次规定了公众参与条款；2006 年，《环境影响评价公众参与暂行办法》对环评中公众参与的一般要求和组织形式做出了明确的规定等。尽管有关公众参与环境保护的法律法规不少，但现行法律法规对公众参与环境保护的权利与义务缺乏清晰的界定，导致公众权力难以得到保障，一般公众对环境保护决策并没有真正的发言权和参与渠道。实际上，由于违法排污行为的常发性、随机性、难以监督性，政府不可能拥有足够的执法资源以监督到每一个污染源，而居住在污染源附近的公民常常是监督违法排污行为最经济、最有效的监控者，他们的发现与监督力量是常态存在的。

为此，首先要提升公众环境参与权力保障的法律层次，通过完善法律规定，明晰公众的环境权利和义务，明确公众参与各类环境保护事项的渠道和程序。通过机构改革设置相应的处室突出环保部统筹与推动公众和社会组织参与环境保护的职能。建立公众的环境维权诉讼渠道，使公众对环境的监督作用得以充分发挥，并在维权诉讼的补偿中得到相应的激励。

最后，加强义务教育中的环境保护知识普及，设置系统的培训交流活动，提升民众的环保意识和监督能力。近年来环保部门、媒体和各级相关部门在学校、社区、企业加强了环境保护的宣传教育活动，倡导绿色文明，一定程度上提升了公众的环保意识。未来随着第三方权力不断得到保障和参与渠道的进一步畅通，公民社会在环境治理中对政府功能缺失的补充作用应能够逐渐发挥。

四、加强司法机关的司法能力

司法机关对环境诉讼的处理和解决对公众与社会组织参与和监督环境问题来说是重要保障。司法机关能力的提高，与第三方诉讼渠道的畅通直接相关。1970 年，美国制定了《清洁空气法》，首创了“公民诉讼条款”，开启了环境公益诉讼的新纪元。“公民诉讼”制度赋予了任何人均可对违反法定或主管机关核定的污染防治义务的违法者提起民事诉讼的权利，这对美国民众参与和推动当地的环境治理起了重要支持作用。甚至在很大程度上，是司法机关对环境诉讼的有效处理方式，鼓励和支持了第三方对环境保护的积极参与和监督。

中国于 2012 年在新修订的《民事诉讼法》中第一次对环境诉讼做出了规定：“对污染环境、侵害众多消费者合法权益等损害社会公共利益的行为，法律规定的机关和有关组织可以向人民法院提起诉讼。”但是由于相关机关及有关组织基本上都具有浓厚的行政背景，由其提起公益诉讼基本会受到地方行政阻挠，大大减弱了环境诉讼的实效。而针对现有的司法缺陷，司法体制改革虽然列入了十八届三中全会的决定，但长期以来所形成的在立案、审理、判决方面诸多制度内生性障碍还没有被消除。现实中环境公益诉讼中的被告多为地方上的纳税大户，甚至是振兴地方经济的龙头企业，或多或少会受到当地政府的袒护。而在现有司法体制的制约下，各级人民法院的人事、财政大权往往掌握在同级政府手中。因此，彻底的司法改革，需要对现有法院人事、财政都对地方政府严重依赖的情况进行改变，[1] 否则新《环境保护法》的一纸规定很难扭转环境公益诉讼立案难的问题。

五、提高职能部门的政策执行能力

2015 年 1 月 1 日，新修订的《环境保护法》开始实施，虽然新《环境保护法》背负众望，但实施一年多，仍有诸多不足之处。这也说明中国环境治理现代化的法律机制的构建是长期的过程。但制度机制的完善，不意味着具体行动中的等待。

事实上，新《环境保护法》中，也对制度的具体落实，做了相对细致的规定：按日计罚、查封扣押、区域限批、黑名单制度，甚至行政拘留等强硬处罚措施。这些为具体行动的开展提供了手段和方法，但实施中也发现由于资金、人力的不足，很多措施的执行难以真正展开。而另一方面，传统存在的环境经济利益的矛盾问题，仍然阻碍环保措施的落实：环境保护与当地经济发展的矛盾，使得执行机构或执行者碍于强势部门的压力，而放弃执法。

因此，提高职能部门的执行能力，还需进一步完善法规的可实施性，明确执行方法、手段等具体条款。同时也要对职能部门的软硬件需求给与足够的支持，保障实施的基本条件。此外，对执行部门是否按规定履职建立监督和评估机制，避免“懒政无过”“勤政无功”的不合理风气出现。

六、深化环境经济手段对环境治理的促进作用

纵观美、日、德三国的环境治理经验，环境税费政策对环境治理的成效无不起到关键作用。美国通过机制完善的排污许可证制度、排污交易制度和总量控制制度、超级基金制度等，从法律约束、市场机制和财政保障等方面，保障了税费政策的实施能够对环境污染

---

[1] 王灿发、程多威：《新〈环境保护法〉下环境公益诉讼面临的困境及其破解》，《法律适用》，2014 年第 8 期，第 48 页。

者起到约束作用、环境维护者起到激励作用。德国通过环境影响评价制度、志愿者协议和低碳（产品）认证制度等，配合国家环境税费政策的实施，确保税费制度的落实能够鼓励更多的人自觉维护环境。日本通过系统的税收制度，将各主要领域的环境污染行为纳入经济管理范围，并通过细致的环境损害评估与赔偿政策法律制度，将环境违法者的行为约束在边界内，使得环境经济政策得以切实发挥作用。韩国结合"绿色发展战略"，积极推动公共财政资金对环境产业的支持，促进国内环境改善成效和绿色产业的大力发展。这些国家都是通过严格完善的环境经济手段和相互配套的技术、产业等政策，将环境管理与经济发展紧密结合，使环境治理与经济社会发展较好融合。

近些年来，中国积极探索环境治理的有效手段，其中包括对经济手段的应用。与之相应的，环境定价机制、市场机制、财政机制，以及经济政策配套机制[①]正在构建中。但由于现有机制的法律保障不足，以指导性的"意见""办法"等为主，使得环境经济政策法律效力低，环境经济政策落实的支持力度有限。同时，环境资源和污染补偿价格构成机制不合理，"资源低价、环境廉价"的价格机制对生产、消费者的行为难以形成有效的市场约束，并且环境经济政策的覆盖面有待扩大到流通、分配、消费环节。加之财政对治理的支持力度尚待进一步提升，迄今为止，中国的环境经济手段还未能发挥其全部的作用。

未来，应积极借鉴发达国家的经验，继续完善现有的环境经济政策机制的构建，同时细化现有机制相关的法律、政策及规定的内容，使所有的环境经济政策和措施得到充分落实，而非仅停留在文件和口号中。只有环境经济政策和手段得到充分落实，环境治理的行动才能被提升到必要的高度，并与经济发展作为同等重要的因素

---

① 国家环境经济政策研究与试点项目技术组：《环境经济政策进展评估：2014》，《中国环境管理》，2015年第3期，第5页。

被加以考虑，并能够真正与经济发展目标相融合，从而实现生态文明和可持续发展的长远目标。

七、重视利用环境外交，推动国内环境治理和经济转型

全球环境治理的多边平台大多指多边协定下的治理机制的运行。多边环境治理，对有一定资金和技术能力的国家来说，带有更强的公益性，但这类公益性的付出过程，不但可以带动国内环境治理的成效，也将为国内产业的绿色转型获得广阔的国际市场。

一般来说，全球环境治理的主动付出和参与，可以直接为国家带来环境保护方面的荣誉和信誉，进而能在一定的环保领域获得权威和尊重，并带动自身环境产品和技术的全球认可。在这一过程中，鉴于国际舆论的压力，国内会努力通过生产和消费等的自律提升自己的环保能力，不断获得环保技术和管理经验，在获得快速的环境改善的同时，提升全球的环境治理技术和管理水平，最终较为容易赢得经济绿色转型的市场。这是积极主动利用全球环境治理平台的双赢结果。

中国目前已经具备向更不发达国家提供环境保护资源的能力。因此，可以设计环境对外援助的活动，活动的展开一般伴随国内有效的环境技术和管理经验的输出，美欧国家在《臭氧层保护公约》方面积极主动的推动，无不配合着国内的臭氧层物质的淘汰和替代产品及技术的研发和推广。尽管最初的对自己的严苛需要付出代价，但后期赢得的良好环境和扩大市场，才是可持续发展的最大赢家。

后　记

本书是我于2013—2015年间在北京大学国际组织研究中心，跟随张海滨教授做国际环境治理领域课题研究期间所做的成果之一。这样一本“小”书的完成，既是我自己人生一段经历的小结，也是我对于张老师的教诲所表达的衷心感谢。这本书之于我的意义，远不在于书中的观点、理论是否独特和新颖，而在于，它是我结束这段边学习边研究经历的一个纪念，以及此前我在国际环境合作领域近十年工作经历的一个总结。我个人不认为，这本书能对相关领域研究产生多大的推动，它不过是在边学习边总结的过程中得出的一些感悟。但这些感悟结合了我过去在国际环境合作领域所做的实务工作的收获，也更有张老师悉心指导而得以提升视野的贡献。

这本书的存在，其实也是我决心对（环境与）发展领域深入研究的一个开端。我从一个做国际环境与发展领域最前沿业务工作的人员，转向做与发展相关的研究人员，其实要非常感谢之前的工作经历中看到的这个领域对人类与地球和谐共存的意义。我个人对社会的责任感和使命感也从此而来。加之，博士后研究期间，亲见张老师为相关领域所做的推动而不遗心力、废寝忘食，甚至为顾大局而放个人姿态到最低、舍个人利益到最大，敬佩之余，也感叹这个领域所蕴含的重大责任。

这本书若使他人有些许的收获，自是让人喜悦的结果，并会激励我有更强的动力对这个领域和社会的进步真正做出点滴贡献。